U0035419

陳立誠 著

離岸風電大騙局

蔡政府如何掏空台灣兩兆元

錯誤的離岸風電政策，
將讓台灣每個家庭被坑**20**萬元！

你可以短期愚弄所有人，你可以永遠愚弄一群人，
但你無法永遠愚弄所有人。

——林肯總統

蔡女不知亡國恨，隔江猶唱後庭花。

推薦序

前行政院院長　張善政

　　我，就像絕大多數人一樣，支持再生能源，希望看到能源供應穩定而充裕、環保，而且成本合理。

　　我，就像絕大多數工程師一樣，支持再生能源產業能夠本土化，讓國內業者成為貢獻國家經濟發展的一份子。

　　但是，我，不希望看到再生能源變成政治操作的工具，因為我不希望被當成是傻瓜！

　　離岸風電，對於地狹人稠的台灣，對於冬季刮季風的臺灣海峽，的確很吸引人。但是「吸引人」並不表示一定合適，就像你看到一個很吸引你的異性，並不表示他（她）一定就是你最好的終身伴侶。

　　所以我，支持客觀論事，好好評估離岸風電對台灣的適切性。因為，這幾乎像是挑一個理想的終身伴侶一樣，一步錯就很難收拾。

我在此不需要一一分析台灣發展離岸風電的關鍵因素。陳立誠這本《離岸風電大騙局》，就是在剖析為什麼以蔡英文政府的作法，離岸風電政策不僅是大有問題，而且正在把台灣帶向一個禍遺子孫的災難。如果離岸風電長久來說是可以適合台灣的發展，那麼，現在蔡英文正在揠苗助長，不但不會成功，而且還扼殺了未來真正成功發展的機會。若干年後，如果再談到離岸風電，我們子孫會用負面眼光來看待，因為他們會說「蔡英文曾經嘗試，但是已經失敗了」。

　　台灣需要真正客觀、務實的能源發展政策，不要急就章，不要政治語言。我希望陳立誠這本書能夠把許多朋友由蔡英文的催眠中喚醒，用全民的認知力量終結這樣離譜的離岸風電政策，許給台灣再生能源一個真正可行、美好的願景。

自序

　　蔡總統任上推動的錯誤政策不在少數,但最為嚴重,但為大多數民眾所忽視的毋寧是「離岸風電」政策。

　　蔡總統大力推動離岸風電有兩個層面的錯誤。

　　首先,為什麼要推動離岸風電?依民進黨智庫在2016年大選前發表的「新能源政策」白皮書,大力推動離岸風電及太陽光電等綠能的唯一原因就是為了取代廢核後400億度無碳電力缺口。離岸風電電費每年千億元,20年電費2兆元,台灣每個家庭分攤超過20萬元。換句話說,只要放棄非核家園政策,這2兆元就不必花。堅持非核家園政策,蠻橫推動離岸風電有如將2兆元民脂民膏擲入汪洋大海。

　　其次,即使非要廢核推動離岸風電,若以國際合理費率招標,20年電費也可減少一半,省下1兆元。但蔡政府以錯誤費率招商先錯在前,又只顧本身顏面不肯廢標再錯於後,寧可國家人民莫名所以的向外商增加近兆元「進貢」,也拒絕將錯誤標案廢標。心態之扭曲,另人難以置信。

　　離岸風電政策之錯誤環環相扣,十分複雜,一般民眾難以了解。本書分為五章層層分析。等一章〈綠能政策〉解釋蔡政府能源政策之錯誤;第二章〈離岸風電台灣不宜〉近一步解釋為何以

台灣地理條件不應發展離岸風電；第三章〈招標奇案〉詳細解說光怪陸離之招標過程；第四章〈風電成本〉詳細解釋錯誤費率之原因及其影響；第五章〈離岸風電國產化〉揭穿蔡政府以推動國產化作為天價決標籍口的謊言。

　　本書本文五章由能源專業角度解析離岸風電，但並未觸及離岸風電招標過程之嚴重違法及銀行融資的重大風險。本書附錄一清華大學高銘志教授之〈離岸風電違法亂紀〉及附錄二梁敬思董事長〈離岸風電融資風險〉兩文對此二重要議題有極精辟之分析，對兩位同意轉載其大作，在此僅致上最誠摯的謝意。

　　監察院在去年12月針對離岸風電招標過程曾對經濟部提出糾正案，全文列於附件三。讀者若要快速了解離岸風電的諸多問題可直接參閱附件四〈離岸風電20問〉。

　　離岸風電標案千瘡百孔，去年地方選舉大敗後，蔡總統曾問：「我做錯了什麼？」，強推離岸風電就是大錯。蔡總統也說「人民跟不上」，不錯，人民真的跟不上蔡政府無腦的離岸風電政策。

　　離岸風電割地賠款，喪權辱國，又以超過國際價格1兆元決標，是蔡政府三年來所推動最離譜的政策。若真正落實，不但將重擊台灣民生經濟，台灣並將坐實愚人之島，成為國際最大笑柄，後世亦將毫不留情嚴厲評論當代國民。

一年半前在電視演講時，個人希望蔡政府能源政策懸崖勒馬，現在看來是椽木求魚，唯一可阻止離岸風電錯誤政策落實的手段就是用選票將蔡政府趕下台，明年新政府上台後將喪權辱國的離岸風電購電合約予以作廢，拯救台灣於水火。

目錄 Contents

結語 / 115

附錄

圖目錄

表目錄

彩圖目錄

第一章

綠能政策

1.1 風電政策

非核減碳

　　檢討離岸風電要問的第一個問題是：「為什麼要發展離岸風電？」

　　數十年來台灣電力供應可分為三種來源：核電、火電（煤電、氣電、油電）及少量綠電（水力、焚化爐等）。這種電力結構提供了台灣穩定價廉的電力，促進了台灣的經濟民生發展。但為什麼蔡政府急於大力發展既不穩定，價格又極為昂貴的離岸風電？

　　離岸風電只是整體電力系統的一環，離岸風電無法自外於整體電力系統，所以討論離岸風電就要由蔡政府的整體能源政策談起。

　　民進黨能源政策長年來只有一個堅持：反核。自三十年前「非核家園」列為民進黨黨綱後，反核即成為民進黨兩個神主牌之一（另一為台獨），不容挑戰，無可妥協。

　　但三十年前，反核或為全球環保運動主要議題，但三十年後

全球最熱門的環保議題是「減碳抗暖」。但減碳又與能源使用密不可分，民進黨一不了解暖化科學，二不敢違背世界潮流，其能源政策不得不在「非核」之外加上「減碳」。

要了解民進黨的能源政策，提綱挈領就是「非核」、「減碳」四字。非核與減碳是民進黨能源政策兩大目標，一切政策規劃與施行細則都為了達到這兩個終極目標。

民進黨智庫新境界文教基金會能源政策小組，於2014年3月11日發表了「民進黨新能源政策」，及進一步闡述其政策重點之投影片。此二文件即為民進黨為了2016總統大選正式提出之能源政策。在蔡英文當選總統後，該文件即成為蔡政府的能源政策。民進黨智庫能源小組召集人吳政忠也成為蔡政府「科技政務委員」，主導蔡政府能源政策並落實其政策目標。檢討民進黨選前提出之「新能源政策」，即為檢討蔡政府之能源政策。

該「新能源政策」雖洋洋灑灑，但深入探討就只環繞「反核」、「減碳」兩個終極目標。不幸，這兩個目標完全背道而馳。核能是台灣單一最重要的減碳手段，要達到減碳目標就非得使用核能。要達到非核目標，就非得放棄減碳目標。兩個目標相互矛盾，無法共存。今日蔡政府將兩者列為其能源政策兩大目標，有如要落實「又要馬兒好，又要馬兒不吃草」。為落實矛盾目標的各項行動方案必然極為勉強，滯礙難行。非要推行相互矛盾的目標，必將陷於難以自圓其說的困境。

既要非核、又要減碳，在廢核後的無碳電力缺口就不能以火電（煤電或氣電）取代，只能以無碳的綠能取代。

　　所以在民進黨「新能源政策」中，開宗明義即為「綠能取代核能，2025年綠能占發電20%」。因現有三座核電廠6部機組，每年可發400億度無碳電力，為了取代廢核後無碳電力缺口，蔡政府目標即為在2025年「增加」400億度綠電，其中風電與太陽能各占一半。這就是蔡政府不惜以近兆元建設成本，也非要在2025年達到離岸風電供電200億度的真正原因。

政策錯誤

　　本章主要目的即為以系統方式指出離岸風電為極為嚴重，將造成台灣人民重大損失的錯誤政策。以下簡要說明離岸風電政策的五大錯誤：1. 台灣地理條件根本不合適發展離岸風電；2. 發展離岸風電將造成發電成本巨幅上升；3. 廢核將造成台灣北部地區嚴重缺電，主要集中於中部外海的離岸風電無法解決北部供電危機；4. 位於台灣領海的風電資源，九成由外商開發，是台灣有史以來最嚴重的「割地賠款、喪權辱國」巨案；5. 為發展所謂離岸風電產業，以高於國際價格二倍的費率向外商購電，造成近兆元的額外損失。

台灣不合適發展離岸風電

　　台灣極不合適發展離岸風電有三大原因：台灣地小人稠，台灣夏季無風及台灣為獨立電網。此三大原因不易以簡短文字說明，本書第二章將詳細解釋，在此僅先提出此三大原因。

離岸風電將造成電費鉅幅上漲

　　錯誤政策如果影響有限，也無人在意。但發展綠能（太陽能及離岸風電）將造成發電成本大幅上揚，對產業及民生都將造成重大衝擊。本書第四章將詳細計算，在此僅提出簡單說明：

　　如上所述，發展離岸風電及太陽光電等綠能的唯一原因即在於取代核能，但以無碳的綠能取代同樣無碳的核能究竟要付出多大代價？在六部核電機組都正常運轉年分，核電每度電發電成本約為1元，每度綠電每度成本約為5元。每度綠電成本較核電高出4元，增加400億度綠電取代核電，每年發電成本增加1600億元。以全台830萬戶家庭計算，六年後，每家每年多負擔近2萬元發電成本。現有核電廠本可延役20年，故為了落實蔡政府廢核而以離岸風電等綠能取代的政策，全台每個家庭因而要付出40萬元的代價。

無法解決北部缺電問題

台灣北部人口眾多，工商業發達，是全國首善之區，用電占全國40%。但因土地資源珍貴，電廠裝置不足，長期處於依靠中南部電廠發電後南電北送的窘境。

為改善北部電力供不應求的情況，在廢核政策形成之前，台電原規劃核一、二廠延役，在舊深澳電廠除役後，原地改建新型機組。但即使如此，北部供電能力增加有限，未來十年電力成長，則有賴核四兩部機組因應。

但在非核政策確定後，核一、二廠4部機組將於2023年前陸續除役，供電能力減少324萬瓩。協和電廠4部燃油機組，也將於2024年前陸續除役，供電能力減少200萬瓩。6年間北部供電能力將減少524萬瓩。

目前台電電源開發計劃中，未來十年只有大潭及協和機組位於北部，新增的大潭7到10號機總裝置容量360萬瓩，加上協和100萬瓩。即使如期完工，北部新增機組供電能力猶低於除役的核能及協和電廠裝置容量。若加計未來十年北部用電成長，台灣北部缺電情勢將遠較今日惡化，依賴南電北送程度將超過輸電線最大安全供電能力，任何颱風地震造成輸電線路中斷，北部即會面臨全面限電。

離岸風電主要風場都位於中部外海，即使全部依時程完工，所發的電仍將依賴現有之輸電系統中電北送，但中電北送之安全輸電能力約為300萬瓩，夏日將有許多日子之輸電量高於安全輸電能力，任何天災都將對輸電系統造成威脅。蔡政府不思繼續使用位於北部的核電機組以確保北部地區供電安全，反而傾全力在中部外海發展離岸風電，頭痛醫腳，完全無法解決北部供電危機。

外商開發海峽風場

蔡政府將台灣西部海域畫出36處離岸風電潛力場址，並訂出每度近6元之天價費率，高於歐洲價格兩倍以上，引得國外開發商蜂擁而至。以開發商股權計算，九成為國外開發商。

茲與中日韓三國比較。中國與日本完全由本國人開發離岸風場，排除外國人。韓國也以本國開發商為主，外國廠商開發總量有嚴格上限。因為各國均知離岸風場為本國重要資源，自以國人開發為優先考量。蔡政府因有廢核時程壓力，為加速推動離岸風電，急吼吼的開放了550萬瓩離岸風電額度，以極優惠條件供國外廠家插旗圈地，豈不是「割地」？

550百萬瓩離岸風電，每年發電200億度，以每度5元計，每年支付開發商1000億元。在合約20年有效期間，支出2兆元，絕

大多數進貢國外。這筆莫名其進貢國外之巨款豈不是「賠款」？

其實政府推動國產化，一開始就走錯路，離岸風場有如國內礦藏，為何要交由外商開發？中國、日本、韓國都是本國開發商主導，外國風機業者只是本國開發商的「供應商」，是業主與包商關係，要推動技術轉移，自然方便。

蔡政府目前割地賠款作法只將大好江山的風場九成由外國人開發，再花大錢將生產的產品（電力）買回，希望由簽定沒有法律約束力的所謂備忘錄（MOU）來推動國產化，根本是隔靴搔癢，起手式就錯了。

發展離岸風電產業

蔡政府以高於國際價格2倍的躉購費率向外商購電，說了半天最後原因竟是「發展離岸風電產業」，此為極複雜的問題，本書第五章將詳細討論。在此僅指出蔡政府的根本問題是將「發展綠能」與「發展綠能產業」混為一談。

以太陽能而言，蔡政府以台灣為太陽能面板生產大國為由，認為台灣也應該大力發展太陽能。意謂再生能源設備生產大國就應該也是再生能源使用大國。台灣因地狹人稠，自然條件不佳，並不合適大力發展再生能源。再生能源業者應努力將太陽能面板外銷自然條件遠較我國為佳的世界許多國家，而不應強逼台灣人

民大量使用太陽能。在此可舉一例證，冰上或雪上活動通常都有許多特殊設備或器材，我國製造業很強，自然可發展此類產業外銷冰天雪地的外國，但即使我國在此一產業全球市占比高也不代表我國合適發展雪上、冰上運動。此為生產大國與使用大國不宜劃上等號的明顯例證。

以離岸風電而言，蔡政府思維正好顛倒過來，為「發展離岸風電產業」，以國際價格2倍的躉購費率向外商購電以發展離岸風電。發展產業本來不是蔡政府發展離岸風電的主要原因（取代核電才是主因），但因發展離岸風電的諸多錯誤太過明顯，最後反而以發展離岸風電產業作為發展離岸風電最重要的理由，根本是黔驢技窮，本末倒置，難怪遭外商要脅。

1.2 蔡政府誤導

　　2018年政府離岸風電兩回合招標過程，受到外界極大質疑。蔡政府經由各種管道為發展離岸風電強辯，但內容千瘡百孔，不忍卒讀，更暴露了其發展離岸風電為絕大錯誤。以下僅擇要解說：

離岸風電可降低空汙

　　近年台灣民眾對空　極為關注，蔡政府就利用此點一再強調離岸風力「可取代大量火力發電之空污排放，減緩中部地區秋冬空氣污染及PM2.5所造成之危害」。

　　但蔡政府發展綠電的唯一目的就是取代核電，何嘗是為了取代火電？但核電原本就沒有空汙，蔡政府竟然聲稱離岸風電可取代火電而減少空汙。真以為大家如此健忘？把全民當傻子？

外商投資，台灣人不用出錢

　　蔡政府也一再強調離岸風電是開發商出資，並非政府編列預算。好像開發商在做慈善事業，避而不談開發商開頭出資可是要由未來20年電費全部賺回。並不是開發商出資就是最佳商業模

式。依蔡政府邏輯，民營電廠都是廠商先出資就比台電自己蓋電廠好？台電工程單位可以裁撤了？誰出資並不重要，重要的是蓋完廠後電價是否合理。離岸風電遭人垢病的最大原因就是暴利，蔡政府上台後這幾年國際離岸風電電價腰斬，不長進的蔡政府還說其2018費率與馬政府時代訂的費率相近，令人無言。

另外一個更大誤導是說開發商的錢都是由國外帶進來，這也絕非實情。開發商自有資金只占很小一部分，主要經費還是向台灣的金融機構融資。針對融資，蔡政府對私營銀行是連哄帶騙，對公營銀行可就直接逼迫。有些開發商在合約未簽，開工八字還沒一撇就積極出脫持股，到時發展離岸風電的爛攤子還是要由台灣人來收拾。

創造工作機會

蔡政府堅持以2倍價格選商的最主要理由是建立台灣離岸風力產業，一再吹噓1兆元建設經費可「創造」2萬個工作機會，換句話說創造每個工作的成本高於5000萬元。服務業創造每個工作機會成本只要50萬元，以百倍成本來創造離岸風電工作機會也引為政績？

全球離岸風電成長快速

本人曾指出全球發展風電以「陸域風電為主，離岸風電為輔」，全球95%以上風電為陸域風電。台灣地小人稠，在陸域已無空間大量加裝風機，竟以發展離岸風電為主，為全球極為特殊的例子，也突顯台灣地理環境不適合大力發展綠電。

蔡政府辯稱過去5年全球陸域風電設置成長率13%，離岸風電18%，以此數據「證明」全球大力發展離岸風電，政府政策符合時代潮流。事實上離岸風電成長率較高的真正原因是基數太低，並非全球大力推動離岸風電。試舉一例：

假設某國有100座陸域風機，1座離岸風機。次年加裝10座陸域風機，加裝1座離岸風機。以成長率而言，陸域10%，離岸100%，成長率高是因為基數太低之故。離岸風機不是全球推動風電主力，蔡政府不應誤導國人。

建設台灣為東方阿拉伯

綠營人士曾說：「我們要將台灣變成東方的沙烏地阿拉伯。」個人看了實在啼笑皆非。

沙國生產的石油，除少量自用外全部外銷，大賺外匯。沙國每年由銷售原油所得外滙近2000億美元，是沙國財政的最大支柱，稱之為黑金絕不為過。

　　回頭來檢視所謂離岸綠電，台灣綠電可以輸出一度？可以為台灣創造一塊錢外匯？建設了再多的離岸風機，所生產奇貴無比的風電，每一度電都要由台灣人民掏腰包支付。整個離岸風電政策的結果就是創造外國人來台灣賺大錢的機會。有如此豐富的利潤，外國生意人豈不像蒼蠅般的蜂湧而至？

日韓離岸風電發展

　　台灣民眾對離岸風電無感的原因很多，重要原因之一就是政府一再發表不實言論，混淆視聽。經濟部沈部長曾說：「日本羨慕台灣發展離岸風電成功，搶著要做了。」事實如何？台灣風電占比在2025年近10%，日本目標2030年陸域及離岸風電加總占比1.7%，日本官員比台灣務實多了。

　　以韓國而言，2016年核電占比28％，煤電占比42％。穩定而價廉的基載電力占比70%，昂貴而不穩定的氣電與綠電占比30%。與蔡政府規劃2025年基載電力占比30%，氣電綠電占比70%正好顛倒。

1.3 社會反應

　　針對蔡政府離岸風電招標荒腔走板過程，不但監察院提出糾正案，去年年底公投，台灣民眾也拒絕台灣在2025年成為非核家園，本節將簡單說明。

監察院

　　2018年12月監察院對經濟部提出糾正案，指出離岸風電招標有諸多失誤，要求經濟部必需通盤檢討，本書附錄3將監察院糾正文全文刊出供大家參考。監察院此一糾正案向世界展現台灣人並非全部魯鈍無知，易於受欺。也向後世展現今日御史為了維護全民權益，不畏權勢的風骨。此一糾正案有其重要歷史地位。

以核養綠公投過關

　　2018年11月以核養綠公投過關，該公投主訴為「廢除電業法第95條」，而電業法第95條第1項正是規定台灣於2025年達到非核家園目標的條款。公投結果展現人民對蔡政府訂定2025年台灣成為非核家園的政策，並不買單。

此一公投是台灣人民第一次以公投方式展現「反核」並非全民共識，至於訂定非核年限更為大多數人民所唾棄。此次公投的更大意義是人民為蔡政府的「能源轉型」政策投下了不信任票。

蔡政府「能源轉型」政策的基礎就是在2025年達成非核家園，為了補上現有核電廠除役後每年400億度無碳電力缺口，蔡政府異想天開的「以綠電取代核電」政策規劃於2025年以太陽能及風力產生400億度綠電以取代核電。

去年公投顯示人民反對政府中沒有實務經驗的學者在象牙塔中泡製的「能源轉型」政策，其中急就章的離岸風電決標鬧劇就是最明顯的例子。公投彰顯了政府再也不能以非核時程作為離岸風電不予廢標的理由，有智慧的台灣人民以公投釜底抽薪的方式為自己省下了2兆元。

在去年選舉大敗後，蔡政府已經跛腳，施政其實已缺乏正當性，竟還冒天下之大不韙，繼續推動喪權辱國的離岸風電，令人匪夷所思。

離岸風電解約

蔡政府原先推動離岸風電的主要原因是為了取代非核後的電力。但目前其實「離岸風電」已與核電脫勾，而有自身「生命力」。似想即使政黨輪替，翻轉核電政策，現有核電延役，重啟

核四。但因蔡政府任內已與離岸風電開發商簽訂為期20年的購電合約，頭已洗了一半，每年近千億元進貢外商的合約要花很大代價方可解約，生米煮成熟飯，與是否廢核已經無涉。原本推動離岸風電只是廢核的副產品，但現在已尾大不掉，是蔡政府四年施政最大敗筆。

許多擁核人士眼光只釘著核電，並不了解風電危機的急迫性。由以上分析應可了解推動離岸風電造成的傷害與廢核相當，但危機更為急迫。核電廠只要不拆，留得青山在，都還有延役及重啟的可能，危機並非立即也並非不可逆轉。但離岸風電只要蔡政府賣台條約一簽，就要花很大代價方可解約，危機就在當下，遠較核電議題更為急迫。可嘆未來將負擔主要割地賠款電費的年輕一代，對此重大賣台事件渾然不覺，否則絕對有足夠能量發起另一次五四運動或太陽花運動。

明年新政府上台後應立刻與離岸風力開放商解約，以免台灣越陷越深。

第二章

離岸風電台灣不宜

2.1 台灣地狹人稠

綠能能量密度低

綠能的首要缺點是「能量密度」太低。能量密度就是單位面積所產生的能量,以電力而言就是發電度數。

先解釋單位,一個100萬瓩(1000MW, 1GW)的機組,每小時可發電100萬度。以台中燃煤電廠為例,全廠面積約280公頃,目前有10部55萬瓩(550MW)機組,全廠裝置容量為550萬瓩(5.5GW)。每年365天,每天24小時,每年共8760小時,燃煤電廠只要不在大修期間,都全力供電,每年容量因數(Capacity Factor)超過85%,每年可發電時數約7600小時。台中電廠10部機每年發電約420億度(占全國用電20%),所以台中電廠每公頃每年可發電1.5億度。

核四廠兩部機占地約200公頃,兩部機裝置容量2700MW(2.7GW),核電廠容量因數都超過90%,所以核四廠兩部機每年可發電200億度,平均每公頃可發電1億度。

太陽能、風能能量密度

太陽能面板功率約為100W/m**2，每公頃（10,000m**2）可舖設1,000,000W（1,000kW）的太陽能板。

但太陽能在夜間無法發電，在陰雨天也無法發電。台灣南部日照條件較佳，每年平均可發電1250小時，北部冬天陰雨多，每年平均發電950小時。所以即使在南部太陽能每公頃每年只能發電125萬度。但大量太陽能板舖設需要道路及維修空間，所以每公頃每年發電不到100萬度，與火力電廠及核能電廠每公頃每年發電1.5億度及1億度相較，1/100都不到。所以以條件最佳的台灣南部的日照條件，發同樣度數的電，太陽能發電占地較火力電廠及核能電廠要多百倍的土地。

以用地而言，風力發電較太陽能尤差，以功率密度（單位面積裝置產量）而言，風力發電約只有太陽能1/10，只有火力及核能的1/1000。但太陽能容量因數只有14%（每年發電1250小時計）。風力發電容量因數較高，以台灣而言，陸上風電有太陽能2倍（28%），每年可發電2400小時，離岸風電有太陽能3倍（42%），每年可發電3600小時，所以在考慮風電的容量因數後，陸上風能及離岸風能的能量因數約各為核能及火力的1/500及1/300。

綠電取代核四面積

核四廠兩部機占地200公頃（2平方公里），每年可發電200億度，太陽能要發電200億度，占地至少200平方公里。台北市面積約270平方公里，表示太陽能需要台北市3/4面積才能取代核四。

以風力而言，取代核四廠2部機200億度電需要1000平方公里的土地來設置陸上風機。新北市面積約2000平方公里，表示風機要占新北市一半面積才能取代核四2平方公里的發電量。

圖2-1為以太陽能與風能取代核四所需面積。

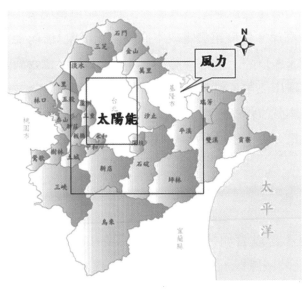

圖2-1　以綠電取代核四所需面積

台灣太小不合適發展綠電

因為綠能的能量密度太低，需要廣大土地才能勉強提供夠多的能量（度數）。在土地資源豐富的國家，不虞找不到無人煙的土地設置綠能。中國、美國都有廣大沙漠，地廣人稀，很合適設置太陽能，中國內蒙及美國加州、德州土地面積都很大，風力條件也遠比台灣為佳，所以設置了許多陸上風機。事實上，全球95%風力發電為陸域風電。

因土地狹小，台灣陸上風能有其天然限制，因各種環境因素，目前已遭附近居民強烈反對，發展潛力有限，所以蔡政府目前規劃風力發電是以離岸風電為主。但離岸風電海事工程施工困難，經費高昂，每度電發電成本高於陸上風電2倍以上。全球發展風電國家多以陸上風電為主，離岸風電為輔，像台灣因土地面積狹小，離岸風電竟然喧賓奪主，可謂絕無僅有。大力推動離岸風電，原本就沒什麼道理。其實以台灣地理條件，原本就並不合適發展風電，更不用說發展成本高昂的離岸風電。

孟加拉風電

經濟部曾以孟加拉為例，指出孟加拉規劃在2021年設置1.37GW之陸域風機，反駁本人「綠能能量密度低，需要大面積

土地，不適合台灣這類地窄人稠的國家」的論點，經濟部說法可由兩方面予以駁斥——

第一是綠能密度：孟加拉面積13萬7千平方公里，全國7成為平原。台灣面積3萬6千平方公里，7成為山地。孟加拉面積為台灣4倍，平原面積為台灣9倍。孟加拉規劃陸域綠能1.37GW，台灣規劃陸域綠能21.2GW，為孟加拉15倍。以平原單位面積綠能而言，台灣是孟加拉130倍。以孟加拉為例，正突顯蔡政府目標極度荒謬。

第二點應特別強調：孟加拉設置陸域風機，台灣為離岸風機，離岸風機每度電成本較陸域風機貴一倍以上。依歐洲近日陸域風機發電成本十分接近火力發電成本，極具競爭性。孟加拉政府規劃以少量低廉的陸域風電輔助火力發電，是十分正確的能源政策。台灣政府目前是以每度5.5元躉購費率收購離岸風力取代每度1元的核電，根本是誤國。台灣政府與孟加拉政府相較，差遠了。

離岸風機破壞景觀

台灣目前居民反對陸域風機的主要原因是「低頻干擾」，但國外許多人反對離岸風機的主要原因是其極為礙眼，破壞景觀。每部裝置容量8千瓩（8MW）的離岸風機高度超過200公尺，是

紐約自由神像的2倍高。未來台灣沿岸要裝設700部離岸風機，主要集中在彰化沿岸，對美麗海洋景觀可說的破壞無遺。

　　美國甘迺迪家族一向是環保團體盟友，大力鼓吹再生能源。但當風電公司要在麻州鱈魚角外海設置離岸風機時，第一個跳出來與環保團體共同反對的就是甘迺迪家族。原因非常簡單；海外風機太醜陋，破壞了甘家在鱈魚角夏日別墅的海洋景觀。

　　台灣社會好像處於一種集體催眠狀態，似乎無人關心離岸風機對海洋景觀造成的巨大影響。

2.2 風電夏日功能低落

風電夏天功能

　　台灣地處亞熱帶，用電尖峰在夏天。近年因降核政策電力裝置容量不足，缺電限電是台灣人在夏天的夢魘。但台灣東北季風盛行，秋天、冬天風力強勁，台灣風電主要發電時段都在秋、冬兩季，夏天沒什麼風，但夏天正是台灣需電孔亟之時。

　　圖2-2為2016年5月20日到31日，12天之風電供電占比圖。

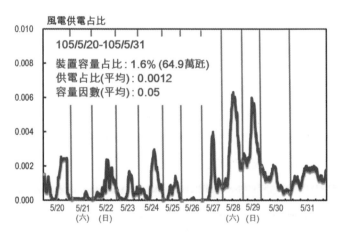

圖2-2　夏日風電占比（資料來源：台灣電力公司）

圖2-2顯示當時風力發電裝置容量64.9萬瓩（649MW），占全台裝置容量1.6%，但12天供電占比平均只有0.12%，平均容量因數更只有5%。相對而言，核電及火電（煤電／氣電）容量因數分別可達90%及85%以上。風電容量因數5%的意思是裝了100個風機，平均只有5座風機發電，這就是為何台電在夏日尖峰時只取全國風力總裝置容量6%作為風力發電尖峰能力。

　　目前政府規劃由開發商投資9000億元設置700部離岸風機，裝置容量共550萬瓩，依6%計算，550萬瓩只有33萬瓩的功能。台電為了救急，2017年在大潭電廠緊急加裝的2部共60萬瓩的氣渦輪機組工程經費計66億元，依此價碼估計，30多億元即可採購一部30萬瓩的氣渦輪機組在夏天保證供電30萬瓩，在夏日供電功率相當於花了9000億元裝置的離岸風機。為什麼非要建設離岸風電？

　　有人說離岸風電雖然對提供夏天尖峰能力毫無幫助，但全年（主要在秋、冬兩季）可提供約200億度無碳電力。但台灣冬日用電尖峰很低，如電力系統裝置容量可渡過夏日尖峰，應付冬日尖峰必然游刃有餘。何必非用風電不可？核一、二廠延役每年可發250億度無碳電力，每度電成本1元，又為何要發展每電成本5.5元的離岸風電？

　　與台中火力之比較，550萬瓩的離岸風電，在夏天靠得住的功率只有33萬瓩，台中電廠有10部機，每部機55萬瓩，花了近兆

元建設的離岸風電在夏天靠得住的功率還不及台中1部機組。

容量因數

　　圖2-2指出2016年5月20日至5月31日12天中，台灣陸域風電之平均容量因數為5%。並說明台電以夏日風電可以提供6%裝置容量的「可靠電力」作為規劃電源開發計劃的基礎。

　　經濟部曾發布新聞稿反駁本人數據，花了不少篇幅「舉證」風電在夏日陸域及海域平均容量因數各為14%及22%。但本人為何強調5%數字之重要？因為經濟部數字是夏季4個月甚至全年平均容量因素，而非「靠得住」的容量因數。在夏季尖峰用電時段，「靠得住」的裝置容量才是重點。這就是為何台電在計算備用容量時，只取6%作為夏季風力「靠得住」的裝置容量。

　　假設台電以14%，甚至22%作為夏日風電容量因素，就會造成「備用容量」足夠的假象，因而減緩火力機組建設。設若夏季某日風力發電容量因數只有5%，火力機組又不足，全國豈不是要陷於大停電？本人文中強調夏日「靠得住」的風電容量因數只有5-6%原因在此，與經濟部強調的4個月甚至1整年的平均容量因數何干？經濟部應將風力發電在夏季的功能誠實告知全國民眾，不應誤導。

額定風速

經濟部新聞稿也曾「澄清」風電夏天每天「可用率」都有90%，此一數字很值得進一步探討。

風力發電有所謂「額定容量」，就是該機組最大功率。假設某機組最大功率為5MW（5000瓩），則該機組在風速達到其最佳設計風速時，每小時可發5000度電。

一般風機設計為風速每秒12米時達到最佳出力，所以如果連續1小時風速都是12米，則額定容量為5MW的風機每小時可發5000度電。

但風機功率與風速成3次方比例，即風度為6米時，該風機功率只有風速12米時的1/8。風度為3米時，該風機功率只有風速12米時的1/64。一般風機設計時以12米為最大出力風速，但只要風速達3米，風機就會轉動，發少量的電。一個5MW的風機，在風速3米時，每小時發電量只有78度（5000度/64）。

台灣秋冬兩季東北季風強勁，夏天即使有風，通常也不大，風機雖然在轉，看來在發電，但發電量極低，與額定功率相差極遠。

陸域風力發電臺電已有10年數據，台電目前是以風力發電總額定裝置容量6%作為夏天靠得住的額定容量。換句話說，若100個風機看起來都在運轉（可用率很高），但因風速低，其實都在

極低功率運轉，其總功率只相當於6個風機的額定容量。

　　經濟部難道不了解6%的真正義意？在其澄清稿中吃定一般民眾不了解風速與功率的關係，大談什麼夏天每天「可用率」都有90%，存心誤導大眾，心態極為可議。

2.3獨立電網，綠電不宜

獨立電網限制

　　依政府規劃，2025年太陽光電裝置容量將達20GW（2000萬瓩），風力裝置容量將達6.9GW（690萬瓩），兩者合計26.9GW（2690萬瓩）。但台灣目前夏日尖峰用電37GW（3700萬瓩），冬季尖峰27GW（2700萬瓩）。依政府規劃太陽光電與風電之總裝置容量與台灣冬天尖峰相同，表示在冬天風力強勁陽光普照時，台灣電力將100%由不穩定的太陽光電與風電提供，這可能嗎？

　　當然，有人會說某些歐洲國家綠電裝置容量占比極高，有些時刻全部用電都由綠電提供。但不要忘了這些國家電網都與鄰國相連，其國家電網只是大歐洲電網的一部分，裝置大量不穩定綠電條件極佳：在綠電過多時可貼錢輸往鄰國，在綠電突然停擺時可由鄰國的傳統電廠取得電力支援。

　　台灣是獨立電網，不穩定的風電及太陽光電發電超過安全上限時，無鄰國可幫助消化，綠電突然罷工時，無法由國外電網取得支援，不穩定的綠電占比就有其上限。

德州與澳洲綠電上限

美國德州是獨立電網，風力發電裝置容量達22GW，但德州夏天用電尖峰為71GW，冬天用電尖峰可達61GW，風力發電裝置容量約為冬季尖峰35%。德州電力公司對風電曾在短暫時刻提供50%電力頗為自豪，當然德州也曾因為風電忽然停擺發生過大停電事故。

澳洲之南澳省說不上是獨立電網，因其電網與維多利亞省電網相連，但輸電容量有所限制。南澳風電裝置容量也不小，但去年發生大停電時，風電在總負載占比也不到50%。

依國外經驗，獨立電網任何時刻不穩定的綠電占比都不宜高於50%。如前述台灣夏天尖峰為37GW，冬天為27GW。但不宜以夏日尖峰50%作為綠電上限，因為夏季尖峰在每年8760小時中只占1小時，若綠電每年只發電1小時顯然不能回本，所以以台灣綠電裝置容量最多以冬日尖峰之50%（13.5GW）為上限，目前蔡政府規劃2025年綠電裝置容量26.9GW幾乎高出此上限之一倍，未來全年都會無可避免發生嚴重棄電。

台電預估棄電30%

2018年9月在台北盛大舉辦了「2018台灣國際智慧能源週」

活動，蔡總統親臨開幕典禮並致辭，是台灣綠能界年度大事。配合該活動在南港展覽館舉辦了三天的「論壇」，個人參與了兩場，有驚人的發現。

　　個人參加一場有關氫能的論壇，第一位講者是黃得瑞教授。許多人可能不知道黃教授大名，其實他是蔡政府能源智囊團要角。

　　黃教授演講中有一張投影片（圖2-3），個人看後大吃一驚。

科技部 沙崙綠能科學城 籌備處公室
Shalun Green Energy Science City Office, MOST

On Grid Problem Solar & Wind Power？
- 台灣在2025無核家園，綠能發電佔20%，預定太陽光電20GW/風力發電4.2GW。當太陽光電/風力發電快速發展，台電既有輸配電網不見得能夠完全容納(台電預估可能逾30%無法併網)？
- 多餘的30%太陽能/風電不利用就是浪費，必須提早準備將多餘的太陽能/風電用於電解水產氫做氫能發電或鋰電池儲能等。(綠能發電佔20%才可能達成?)
- 積極整合台灣廠商發展太陽能/風力用於電解水產氫儲能，將帶動巨大氫能發電及氫能運輸(兆元)產業。
- 離島的太陽能/風電資源豐富，不受限既有輸配電容量，分散式自足發電模式可有效促成低碳島。
- 台灣優勢:<Solar Powe>+<Wind Power>+<Hydrogen Energy>+<Energy Storage>+...

圖2-3　台電預估棄綠電30%（資料來源：黃得瑞教授）

離岸風電大騙局
蔡政府如何掏空台灣兩兆元　　　|42

請注意該投影片第一段：台灣在2025無核家園，綠能發電占20%，預定太陽光電20GW／風力發電4.2GW，台電既有輸配電網不見得能夠完全容納（台電預估可能逾30%無法併網）。

　　這是個人第一次看到「台電預估30%綠能無法併網」這種說法。如果講者是泛泛之輩，個人對台電是否有此種評估也不敢確定，但黃教授是蔡政府能源政策重臣，為2014年民進黨智庫發布「新能源政策」能源小組成員，目前更擔任蔡政府斥資百億在台南新建之「沙崙綠能園區」籌備處主任，深知能源政策內幕，引用台電說法決非沒有根據。

　　當然黃教授並非有意唱衰綠能，黃教授引用台電這句話的目的是推銷「氫能」。鼓吹在綠能太多，台電「棄電」時，以氫能儲能。當然成本上是否可行黃教授就避而不談。

　　在黃教授演講結束接受提問時，立即有聽眾請教黃教授「台電預估30%綠能無法併網」是否有所本？黃教授答覆：這是台電內部評估報告，並未對外公開。

　　其實個人在《台灣的能源災難》一書1.7節〈再生能源發展上限〉及在媒體發表之〈離岸風電融資之巨大風險〉都曾指出依台電目前夏日尖峰負載37GW（平均負載30GW）及冬天尖峰負載27GW（平均負載23GW），根本無福消受26.9GW的不穩定綠電。以獨立電網的台灣而言，即使極為大膽的以冬天尖峰50%為上限，也只能裝置最多13.5GW的不穩定綠電。系統穩定而非輸

配電網限制才是決定綠電發展上限的最重要因素。

　　台電內部評估綠電有30%無法併網是件天大的事情，表示蔡政府在選前「新能源政策」中規劃每年增加400億無碳綠電以取代現有三座核電每年提供的400億度無碳核電完全破功。這應是蔡政府目前絕口不提發展綠電是為了取代核電的真正原因。台電如此重要的評估，政府為何要隱瞞？這項評估對風力及太陽能的發展都有極大的影響。

台電棄電法源

　　台電對於不穩定綠電對供電可靠度，電力品質及供電安全所可能造成的影響也很清楚。台電再生能源作業要點第九條規定：

　　九、本公司基於供電可靠度、電力品質、供電安全及購售電量等因素考量，執行安全調度、工作停電、事故應變或設備檢修等事項，致設置者須配合停機或減載時，其短少之躉售電能不得要求本公司補償。

　　依據此一作業要點，台電與離岸風電業者合約第九條也規定如下：

　　第九條　運轉與調度

　　如有因甲方或所屬台灣電力股份有限公司之執行安全調度、工作停電、電力系統發生事故或甲乙雙方設備檢修等因素需要，

乙方應配合甲方要求停機或減載，其因而短少之電能躉售，乙方不得要求甲方補償。

前項甲方或所屬台灣電力股份有限公司之要求停減供電能期間，乙方超出甲方要求所供應之電能，應於當期購電度數扣除，不計購電電費。

台電對未來不穩定綠電過多，不可避免的將造成「棄電」在合約中早有規定，並載明「乙方不得要求甲方補償」。

個人不解為何多數銀行風險評估都著重於「施工期間」風險，對上述「運轉期間」之「棄電」風險視而不見？

銀行貸款基本上是假設離岸風電每年可發電3600小時，但依以上分析台電很有可能每年針對風電棄電1000小時，當然實際數字要看太陽光電棄電多寡而定。風電與光電雙方業者為了爭取上網必將發生生死搏鬥。

風電擠壓太陽光電

去年政府將原訂2025年離岸風電裝置容量電由3GW增加為5.5GW，原因為何？

不同發電方式之容量因數都不一樣，容量因數就是將該發電方式每年可發電時數除以每年8760小時（24x365）之數字。以

核電及煤電而言，除大修外，前者每年發電8000小時，後者7600小時，所以核電及煤電之容量因數分別為90%及85%。風力及太陽能看天吃飯，其容量因數就遠低於核電及火電。但同為綠電容量因數也不一樣，離岸風電，陸域風電及太陽光電每年發電時數各約3600小時，2400小時及1200小時，其容量因數分別為41%、27%及14%。一般而言風電容量因數高於太陽能，離岸風電之容量因數及每年發電時數更較太陽能高出3倍。換句話說，只要裝設6.7GW的離岸風電，每年發電度數就相當於20GW的太陽光陽發電度數。

蔡政府原規劃裝設20GW太陽能及4.2GW風能（1.2GW陸域，3GW離岸）的唯一目的在於取代每年400億度的無碳核電。蔡政府發展綠電的重點在於「綠電總發電度數」而不在於「綠電總裝置容量」。但由電力系統安全角度檢視，原定之24.2GW綠電必將發生「棄電」。裝置24.2GW風力太陽能（再輔以其他再生能源）以取代5.1GW核電的發電度數是假設完全沒有棄電。如果發生棄電，即使裝置24.2GW綠電也無法達到取代核電的終極目標。

最簡單的解決辦法就是增加容量因數高的離岸風電總裝置量，同時降低容量因數低的太陽光電總裝置量。如此一來，在發同樣綠電度數的條件下可大幅降低不穩定綠電之總裝置容量，以降低棄電風險。

吾人可由一項數據檢驗蔡政府增加2.5GW離岸風電的真正目的。增加2.5GW離岸風電每年可增加90億度電，約占2025年發電3.5％。蔡政府原先目標為2025年綠電占比20％，如今離岸風電由3GW增為5.7GW（0.2GW為示範風機），綠電占比本可提高為23.5％，但蔡政府從未修正其2025綠電占比目標。原因在於增加離岸風電2.5GW的真正目的恐在於以其取代90億度的太陽光電，太陽光電可以少裝置7.5GW。

　　增加2.5GW之離岸風電，同時減少7.5GW的太陽能可維持原先規劃取代核電的綠電度數。在離岸風電發電由3GW增加為5.7GW後，蔡政府仍然維持2025年綠電占比為20％，就暴露蔡政府增加離岸風電裝置容量的真正目的在於將原訂20GW的太陽光電降低4成為12.5GW，不穩定電力總裝置容量由24.2GW降至19.4GW（12.5+6.9）以降低棄電風險。

　　其實由三個角度比較太陽光電與離岸風電均顯示台灣較應採用太陽光電：第一、台灣用電尖峰在夏天，但風力在夏天功能很低，增加太陽光電對夏日尖峰幫助遠較風力為佳；第二、以躉購費率而言，離岸風力每度5.5元，遠高於太陽能每度4.5元；第三、太陽能為國內產業，離岸風力為外國產業，何不扶持供電成本相對低廉的國內產業而每年花近千億元進貢供電成本極為高昂的外國產業？以上三點蔡政府也心知肚明，應為其不敢公開太陽能裝置容量必將大幅下降，激怒國內太陽能業者的真正原因。

但個人感覺太陽能業者其實不見得完全了解太陽光電與離岸風電為零和遊戲。對增加離岸風電一方面將嚴重擠壓太陽光電裝置容量，另一方面兩者在棄電時，也將發生生死之鬥競爭上網也缺乏警覺，實非確保企業生存之道。

第三章

招標奇案

　　離岸風電招標過程之曲折離奇絕對可以寫成一部驚悚小說，本書平鋪直敘還原招標歷史，讀者可自行體會其過程之光怪離奇。

　　一般政府及公司行號招標時通常採用競價方式決標（低價標），低價者得標而高價者出局。但此次政府的離岸風電招標不同，分成遴選及競價兩個標案。在進行遴選標案時，政府先行公布未來付給得標者的躉購費率，再由有興趣廠商遞交服務建議書，之後組織評審委員會進行名次排序，名次高者入選。第二個標案以一般常用的競價決標，但兩個標案的決標價格跌破眾人眼鏡，本章將較詳細的描述其過程。最後並將說明在訂定2019年躉購費率過程，外國廠商予取予求，蔡政府全面投降的醜態。

3.1 遴選招標階段

遴選與競價

　　政府在2018年離岸風電招標分為兩種方式，一種是以遴選方式招標，一種是以競價方式招標。

不論以何種方式招標，招標單位一般都會先訂定底價。但招標單位訂底價並不容易（以下將詳細說明），目前離岸風電釀成重大災難就是因為在遴選招標階段以錯誤的底標作為決標價格，合約一簽20年，造成台灣全體人民2兆元的損失。

　　先討論大家較熟悉的競價方式決標。

　　以競價方式決標時常發生兩種情形：一為許多廠商投標價都遠低於底價，「殺頭生意有人做，賠錢生意沒人做」，這種情況其實通常反映招標單位底價可能訂得太高。相反，招標時，也常發生沒有廠商願意投標，一再流標，這種情狀通常反映招標單位底標訂得太低，廠商不敷成本，「賠錢生意沒人做」，所以一再流標。

　　以上兩例經常出現在各種標案，說明招標單位再努力參考各種資料，但很難掌握真正市場行情及合理底價。

　　這也不能怪招標單位，這種情形在全球都很普遍。招標單位訂底價採取的是所謂Top down（由上而下）的方式，當然不很準確。廠商投標價格則是採取Bottom up（由下而上）的方式，將設備，大宗物料，施工人力，管理人力等各項成本依當時市場價格由下而上詳細估算，再加上風險考量，極度審慎。因為就廠商而言，標價低了，工程虧本，公司會倒閉。標價高了，搶不到業務，公司也會倒閉。投標關乎公司存亡，怎可不精打細算？廠商得標與否其實常常決定於「利潤」高低，成本一般都算得很接

近，差異不大。

如果標案按競價決標，招標單位底價訂高些其實無傷大雅，除非極少發生的惡性圍標，市場合理價格總會表現在最低標價，業主終究還是會以市場價格採購到所需要的商品或服務，不至於買貴。

但以遴選方式決標，招標單位訂定的價格就事關重大。因為以遴選方式決標，投標廠商在投標時不必報價，招標單位以投標廠商提送之服務建議書評分決標，不是由低價決標。評選結果分數高的廠商得標，分數低的廠商出局。但在決標後，招標單位（在離岸風電標案即為經濟部）以何為準支付廠商呢？其實在招標前，招標單位已決定並公布未來支付得標廠商價錢。換句話說，不同於競價方式最後決標價乃由投標廠商之最低報價決定，遴選方式決標後的支付價格乃由招標單位事先訂定並公告，所以招標單位訂定的價格就至關重要。

離岸風電標案鬧得滿城風雨原因就是經濟部在遴選階段訂定的價格出了大庇漏。

但離岸風電第一階段招標採用擇優遴選方式，廠商服務建議書無需報價。在正式招標前好幾個月，政府在2018年1月已宣布離岸風電躉購費率為每度5.8元。

2018年離岸風電躉購費率

經濟部是如何決定付給遴選得標廠商費用？

經濟部能源局每年年底都會召開再生能源躉購費率委員會，決定次年若以遴選方式招標，將給付得標廠商的費率。這一做法行之多年，基本上在反應當年度各種再生能源的設置成本。2018年遴選招標出的大問題就是訂定離岸風電躉購費率時出了大錯。

表3-1為2018離岸風電之躉購費率。

表3-1　2018年度離岸風電躉購費率

再生能源類別	分類	裝置容量級距	躉購費率（元／度）		
風力	離岸	1瓩以上	固定20躉購費率[註1]（上限費率）[註2]		5.8141
			階梯式躉購費率[註3]	前10年	7.0622
				後10年	3.5685

註1：屬離岸型風力發電設備，選擇適用固定20躉購費率者，躉購費率為5.8141元／度。

註2：屬離岸型風力發電設備競標適用對象者，其上限費率為5.8141元／度。

註3：屬離岸型風力發電設備，選擇適用階梯式躉購費率者，前10年適用費率為7.0622元／度，後10年適用費率為3.5685元／度。

（資料來源：經濟部能源局）

當然單單只看表3-1是看不出什麼問題，但若將表列費率與歐洲國家近年離岸風電決標價格相較，即將發現表列費率高了不只一倍。

歐洲離岸風電決標價格

　　2016年荷蘭政府海外風電招標，採用價格競標方式，吸引了38個團隊投標，最後由丹麥的丹能公司（目前改名為沃旭）以每度7.27歐分得標。當時歐元與台幣匯率為36:1，7.27歐分換算為台幣為每度電2.6元台幣。目前蔡政府每度電躉購費率5.8元為荷蘭競標價格之2.3倍。

　　經濟部沈部長在立法院說2016年荷蘭政府離岸風力招標丹能公司以每度2.6元得標是特例。但2017年9月英國政府在約克夏郡外海離岸風力開標，也是丹能得標，得標價價為每千度57.5英鎊，相當於每度台幣2.3元，比2016年丹能公司在荷蘭得標價每度2.6元又降了10%。

　　2016年丹麥離岸風的電招標，瑞典廠商Vattenfall得標，每千度49.9歐元，相當於每度電1.8元台幣，是到目前為止全球最低價。

2018年在遴選案尚未決標前,在國際上頗負盛名的彭博新能源財務中心(BNEF)曾來台做一離岸風電公開演講。在該演講中,彭博不只將台灣離岸風電費率與其他國家比較,也詳細說明了近年離岸風電建設成本大幅下降的原因。

　　圖3-1為彭博新能源財務中心(BNEF)簡報中的圖。

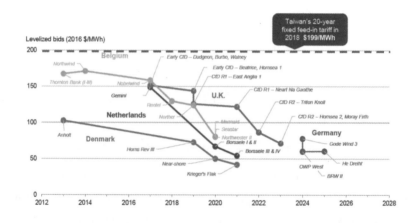

圖3-1 全球離岸風電費率比較(資料來源:BNEF彭博新能源財務中心)
【彩圖詳201頁】

　　圖中最上方紅色虛線為台灣簽約20年之FIT固定費率:每百萬瓦小時199美元。1度是1000瓦小時,百萬瓦小時是1000度電,

表示每度電0.199美元，5.8元台幣。同一張圖也列了許多其他國家決標價格，以與台灣相同2025年前完工的專案而言，丹麥、荷蘭、英國、德國等都只有台灣1/4，每百萬瓦小時50美元左右。

另外GWEC 2018年版的Global Wind Report總結2017年離岸風力開發價格為每度NT\$2.52元（70歐元/千度電），而在2030年完工之決標價會降為每度NT\$2.16元（60歐元/千度電）。

看到圖3-1能不令人吐血？台灣不但比別的國家多付了2-3倍錢，在全球也必將成為笑柄，台灣將成為世界最大冤大頭。以目前決標價，20年間台灣將付給得標廠商（九成為外國人）2兆元購電費用，如果價格降為一半，可省1兆元，這可是驚天動地的大數字。

經濟部體貼外商

遴選招標前還發生了一個怪事，某日報載遴選要改為競標，外商表示不滿，認為如果改為價格競標，恐下殺到每度3元。第二天經濟部官員立即澄清，表示仍將依原訂遴選方式招標，不會改為競標，並說要拜訪歐洲商會「澄清誤會」。個人讀了該新聞真感「時空錯亂」。政府主辦標案不是應該為民眾荷包把關，為何放棄職守，反過來為國外投標廠商利益考量，死也不肯改變決標方式？

在經濟部訂定的躉購費率高於歐洲價格兩倍的消息傳出後，舉國譁然，質疑聲浪排山倒海。針對各界質疑，經濟部解釋：「我國離岸風電處於開發初期，相關技術、施工、碼頭、海事工程，產業供應鏈皆待建置。另考慮颱風、地震等亞洲特殊環境，其設置成本及運轉維護費均高於歐洲國家。」個人對此等辯解實嘆為觀止。經濟部究竟是何立場？是維護全民利益還是維護國外開發商利益？對開發商利益設想何其週到。

針對各界質疑為何非要以遴選方式招標，經濟部也不敢正面答覆，只說公平評估各項成本及相關參數訂定之躉購費率十分合理，並十分貼心的為廠商考量「成本風險難免高於其他成熟國家」。台灣並無離岸風電產業，經濟部怎知離岸風機、海事工程之成本結構細節？推估之建設費用只宜做為預算，各界當時即預測若以競標招標價格必然砍半。廠商投標考量各自不同，競標時常有廠商因業務低迷或搶占市場自願犧牲利潤，低價搶標。個人閱讀經濟部會議記錄，發現經濟部煞費苦心為廠商考量「利率」、「投資報酬率」等參數，完全不考慮自由市場競爭規律。

但很不幸，能源局一番癡情竟被外商數據狠狠打臉。

外商打臉

近兩年在歐洲離岸風電競標屢創新低的是丹能公司（目前已

改名為沃旭），沃旭在台灣肥羊市場當然不會缺席，招標前沃旭在許多場合都直言，該公司預計投資3000億元完成總裝置容量為300萬瓩之專案。依政府規劃每瓦成本為18元，完成300萬瓩離岸風機，投資金額為5400億元。但依丹能公司資料，每瓦成本為10元，不到政府規劃的6折。丹能公司投資預算乃為台灣離岸風電「量身訂作」，經濟部極為貼心為國外開發商考慮的施工、碼頭、地震、颱風等因素，當然都已包括，但成本就是較經濟部打底價了6折，這豈不是能源局「真心換絕情」，被狠狠打臉？

其實開發商公開之「投資金額」通常也是膨風灌水，其內帳必然更低。數月前遴選、競標方案未訂時，就有開發商哭訴，如採價格競標，每度價格恐下殺到3元，較經濟部費率下殺5折，這可能更接近實際成本。個人不解政府為何不願依國際標準調降躉購費率應？仍然「好官我自為之」，對實際數據視而不見。

民進黨立委護航

在蔡政府遭各界強烈質疑時，民進黨立委召開記者會護航，但提出的理由極為可笑。

民進黨立委開頭即說風機價格近年沒有大幅下降，這不是睜眼說瞎話？三年前歐洲離岸風電得標價錢還頗高，但2016/2017年荷蘭及英國兩次標案得標價格分別相當每度台幣2.6元及2.3

元，跌破大家眼鏡，說明離岸風電價格大幅下跌。

　　記者會中官員又理直氣壯的舉出今日躉購費率與兩年前馬政府時代近似，但馬政府時代國際離岸風電價格尚高，民進黨立委及經濟部以數年前價格當護身符有何意義？有如馬政府時代石油價格每桶150美元，2017年跌為50美元，中油仍堅持以「馬政府時代」150美元為基礎訂國內油價，有這種道理嗎？

　　民進黨立委又極貼心的為外國投標廠商考量，說什麼要維持價格穩定，保障外商權益。個人一時感到時空錯亂，民進黨立委到底是台灣人民選出來還是外國人派來臥底的？

開標結果

　　在遴選招標作業進行半年前，全國各界對經濟部之躉購費率高於歐洲合理價格兩倍就提出強烈質疑，但蔡政府毫不理會，一意孤行，在2018年4月30日正式宣布遴選結果。

　　第一波50萬瓩（0.5GW）無國產化要求的標案分別由上緯及WPD兩家廠商入選，詳表3-2遴選案無國產化要求優勝廠商名單。

表3-2 遴選案無國產化要求優勝廠商名單（資料來源：經濟部能源局）

經濟部								
參、遴選結果_109年完工併聯								
序位	申請案	開發商	申請容量(MW)	核配容量	併聯年度	併接點位	備註	累計容量(MW)
1	海能	上緯	378	378	109	螢盤D/S	依申請點位及完工併聯年度核配。	378
2	允能	WPD	708	360	109	四湖	核配122MW後已達500MW，依作業要點，考量風場完整性、開發效益及輸配電業公告併網容量等條件後，且本案非屬彰化地區，爰增加核配238MW，共計核配360MW。	738

第二波300萬瓩（3GW）有國產化要求的標案分別由6個廠商，10個風場獲選，但完工併聯年度不同，詳表3-3遴選案有國產化要求得標名單。

在招標前政府將風場最為集中的彰化外海分為17個區塊，業者可自行「圈地」，離岸較遠的9個區塊中，丹麥沃旭公司圈了4塊，新加坡與加拿大合資公司圈了2塊，國內廠商與澳洲公司合資圈了3塊（國內廠商占股極小），當時就有人指出這完全是「割地」，未來風場絕大部分將為國外廠商瓜分。開標後發現此言不虛。

得標名單中似乎也有國內廠商獲選，但除台電外，上緯及中鋼在得標後又將大部分股份售與外商，外商才是遴選標案的大贏家（上緯在今年6月更意圖將得標案之全部股份售與外商）。

表3-3 遴選案有國產化要求優勝廠商名單（資料來源：經濟部能源局）

經濟部　參、遴選結果_110-114年完工併聯

序位	申請案	開發商	申請容量(MW)	核配容量	併聯年度	併接點位	備註	累計容量(MW)
1	麗威	WPD(1)	363	350	110	塘尾D/S	依申請點位及完工併聯年度(僅勾選110年)，當年度台電礁是D/S僅提供併網容量為350MW。暫核配350MW。	350
2	大彰化東南	沃旭(2)	605.2	605.2	110	彰一(甲)	依申請點位及完工併聯年度核配。	955.2
3	允能	WPD(1)	348	348	110	台西D/S	依申請點位及完工併聯年度核配。	1303.2
4	大彰化西南	沃旭(2)	631.9	294.8	110	彰一(甲)	核配294.8MW後，達第2序位開發商900MW容量上限。	1598
5	彰芳	CIP(3)	552	100	110	彰一(甲)	核配100MW後，台電提供彰化110年1GW全數分配完畢。	2150
				452	112	彰一(乙)	1. 本案同意分配，不足分配之452MW，分割至次一可提供容量年度(112年)併網。 2. 核配452MW後，彰化112年併網容量僅剩48MW，依要點規定，小於100MW不再辦理112年容量分配。	
6	中能	中鋼(4)	480	300	113	彰一(乙)	核配300MW後，達第4序位開發商300MW容量上限。	2450
7	西島	CIP(3)	400	48	113	彰一(乙)	核配48MW後，達第3序位開發商600MW容量上限。	2498
8	大彰化東北	沃旭(2)	560.7	0	-	-	已達第2序位開發商900MW容量上限不分配。	2498
9	台電	台電(5)	720	300	113	彰一(乙)	核配300MW後，達第5序位開發商300MW容量上限。	2798
10	海龍二號	NPI(6)	532	300	113	彰一(乙)	核配300MW後，達第6序位開發商300MW容量上限。	3098

經濟部在遴選階段決標之裝置容量高達383.6萬瓩，每年發電138億度（以每年發電3600小時計），每度5.8元計，每年進貢外商電費800億元，離岸風電合約期限20年，20年1兆6000億元。如果核電延役，這筆天文數字一毛都不用花，這豈不是台灣歷史上最大的喪權辱國巨案？

經濟部在決標後還洋洋自得，以為立了一個大功，沒想到兩個月後競價招標結果出爐後，成了經濟部及蔡政府的大災難。

3.2 競價招標階段

開標結果

如本章開頭所述，2018年蔡政府的離岸風電招標，分成遴選及競價兩個標案，遴選標案在4/30決標後，經濟部快馬加鞭進行競價標案。

6月22日離岸風電競價標案開標，廠商競標價格真是驚天地，泣鬼神，跌碎眾人眼鏡。

先要解釋政府為何由原規劃設置300萬瓩（3GW）離岸風電增加為550萬瓩（5.5GW）？

前幾年離岸風電成本還很高，因技術快速進步，但這兩年成本大幅下降。政府相關部門顯然不問世事，不知因各項技術進步，離岸風電成本今非昔比，還以數年前的資料訂定躉購費率為5.8元。天價費率公布後轟動世界，全球各大風電開發商及風機業者，無一缺席，群集台灣參與遴選，投標量高達1000萬瓩，為政府原規劃裝置容量3倍以上。

政府一方面希望投標廠商人人有獎，另一方面也盤算增加風電以彌補推動不順的太陽光電缺口，政府一口氣將2025年離岸風電裝置容量上調為550萬瓩（5.5GW）。並分兩階段決標。規

劃第一階段遴選，釋出350萬瓩，第二階段為競價標，釋出200萬瓩。

　　第二階段開標前，各界都極為關注競標價格高低。如果競標價格仍然很高，則間接證實了經濟部說辭，證明其訂定之費率合理。開標前沈部長還希望競標價「低於五元」。

　　但競標階段四個得標標案，數字實在太驚人了。有三個標案每度電價低於2.55元，有一標案甚至低於2.23元，平均得標價低於2.5元，與歐洲競標價格相當，是沈部長猜測的一半。這豈不是狠狠打臉經濟部？豈不是證實各界長期之質疑無誤？

　　表3-4為競標結果。

表3-4　競標案優勝廠商名單

開發商	風場	裝置容量	價格（元/度）
海龍團隊 （新加坡玉山能源、加拿大北陸電力及日本三井合組）	海龍二號	232MW	2.2245
	海龍三號	512MW	2.5025
沃旭	大彰化西南	337.1MW	2.5480
	大彰化西北	582.9MW	2.5481
目前台電平均售電價格	2.6253元		

（資料來源：經濟部能源局）

二階段差價

競標階段共釋出166.4萬瓩容量，每年可發電60億度，但每年電費只有150億元，較遴選階段便宜太多。遴選階段若也以每度2.5元決標，每度電少3.3元，每年進貢外國廠商電費可節省450億元，20年節省9000億元。

競標階競標價格顯示遴選階段費率錯誤的衝擊為9000億元，豈不是面特大照妖鏡？這對蔡政府／經濟部應為當頭棒喝，應該驚醒夢中人了？就算兩個月前因無知而錯訂費率，在現實前也應檢討認錯，反正遴選標案在競標案決標時尚未簽約，大可予以廢標，打掉重煉，一切重來。

經濟部說辭

在競標價格公布後，蔡總統必然十分難堪與氣惱，經濟部辯稱其遴選階段躉購費率合理的理由怎麼在二階開標時完全破功？廠商投標價每度只有2.5元，只有經濟部長預估的一半，經濟部幕僚作業是否出了大問題？兩個月前每度5.8元，兩個月後每度2.5元，差價實在太大。

經濟部在二階段決標遭到各界更大質疑後又發布新聞稿澄清，稿中一再強調遴選躉購是必經之路，不可能全數採用競標。

但即使國外有採行先遴選再競標的先例，都間隔10年，那有相隔短短兩個月的例子？

其實在第一階段遴選時，就有許多人指出躉購費率5.8元太高，但經濟部置之不理。一再辯護其費率合理，個人也不全然認為經濟部是有意賣國，主因可能還是受廠商誤導，誤用了過時的資訊，不知道這兩年離岸風電成本大降。以沈部長在競標前夕還希望競標價不要「高於5元」，即知經濟部在競價開標前還真以為每度5.8元合理。

真正問題出在那裡？有一句老話「只有錯買，沒有錯賣。」意思是說買方對於所採購商品的成本絕對沒有賣方清楚。如前述，政府單位其實並不知道廠商真正成本多少，但離岸風力標案牽涉之金額又極為龐大（20年電費近2兆元），躉購費率只要相差一點，影響即極為巨大。

在澄清稿中，經濟部也承認對離岸風電許多領域「較為陌生」。在此背景下，試問經濟部就這麼確定合理費率一定是5.8元，而不是5.7元？每度差價0.1元影響如何？第一階段釋出之裝置容量每年可發電約140億度，每度差0.1元，每年差價14億元，在合約有效20年間，差價即高達280億元，約等於台北大巨蛋造價。每度差價0.1元的影響都非同小可，甭說目前兩階段差價為每度3.3元，20年差價9000億元為3個核四廠及30個小巨蛋造價，國人怎可能不極度關注？

經濟部一再辯稱遴選費率遠高於競標價格的各項原因，如：基礎建設不全，本土產業供應鏈不足，但經濟部只一再作「定性」描述，從來舉不出一個數字，做任何「定量」分析。如前述，費率差0.1元代價就是一個大巨蛋，沒有精確數字為基礎的草率定價是負責任的態度嗎？有人質疑經濟部為何不以不同費率「試水溫」次第招標，減少因誤判造成的損失，竟然一次釋出350萬瓩容量，造成彌天大錯？

經濟部大半年來辯論躉購費率合理的全部說辭在競價案決標後全部破功，經濟部無奈之下，以國際價格兩倍決標說辭就集中在為了「發展離岸風電產業」，本書第五章將專章討論「發展離岸風電產」，檢視此一說辭是否站得住腳。

競標標案決標後各界強力要求將遴選階段標案廢標。其實招標單位在決標後因各種原因廢標的例子在所多有。有學者指出遴選案要廢標也不難，只要承認由於經濟部法律架構安排的疏失，導致這些賦予業者權利的法律文件，均是透過「無法律授權的行政命令」做出來的行政處分，原不屬經濟部管轄權範圍。這在法律層面上的意義，便是構成行政程序法所禁止的「職權命令」，是逾越管轄權而自始無效的行政處分！此一法律架構，既然無效，就有正當理由廢標，如此既維護了國家利益，也保護了自己。

3.3 2019年離岸風電費率

訂定費率過程

離岸風電遴選階段的開發案條件並不一樣。如風機完工併裝年分不一樣，國產化要求也不一樣。每度電躉購費率5.8元，也只適用於2018年底前完成簽約的開發商。2019年簽約的開發商，就適用於2019年的躉購費率。

但得標廠商要通過許多條件才能簽約，2018年只有2020年完工，沒有國產化要求的兩個標案完成簽約，其他廠商將拖到2019年簽約，而電價是以簽約年躉購費率計算，所以2019年費率就極端重要。

2018年底，經濟部依往例召開2019年再生能源躉購費率委員會。會議記錄顯示有些委會不滿8MW風機能源局只有一個成本資料，要求能源局收集更多資料，這正是重點所在。因為將風機由4MW增加到8MW，風機材料增加極為有限，人工成本根本一樣，這就是為何近兩年國際離岸風力每度價格直接砍半的真正原因（第四章將詳細說明）。

經濟部在躉購費率委員會開會告一段落後，預告2019年離岸風電躉購費率。國人及廠商都睜大眼睛，密切注視新費率。國人多以為新費率不是4字頭就是3字頭，4字頭自然是損害國家利

益，但政府為了掩飾第一次費率的大錯，很可能不願意降得太多。3字頭當然還是高於合理費率，但至少表現政府仍有些許悔意，至少考慮維護國家權益

結果經濟部公布2019年躉購費率將由2018年每度5.8元降為5.1元，大家萬萬沒有想到結果竟然是5字頭，只將5.8元降為5.1元。廠商每年額外利潤仍高達350億元，20年7000億元。

再談一則令人哭笑不得的事件：沈部長在立法院坦承，在公布將2019年離岸風電費率將降至5.1元次日一早，沈部長即邀約得標廠商到經濟部解釋費率為何下降，並將審定會計算基礎等資料全部交給廠商，歡迎廠商提出不同意見。讀了此則新聞個人實在嘆為觀止。

費率審定會委員主要由官員及學者組成，真正了解廠商成本結構？如果真了解也不會犯下2018年年躉購費率為競價費率一倍以上的離譜事件。沈部長不知藏拙，竟然還將計算資料全盤託出，廠商讀了必然笑掉大牙並深刻了解審定會思維。兩造談判，那有將己方底牌全盤洩密者？未來廠商必將以子之予攻子之盾，經濟部將處於極大劣勢。另一方面，政府單位對本國廠商一向十分倨傲，何曾將底價計算方式向本國廠商說明，見到外國廠商怎麼矮了一大截？身段柔軟到有失國格的地步，實為之汗顏。

沈部長不要忘了這些外國廠商是要來台賺取2兆元大洋，這可都是民脂民膏。沈部長不要一心只想完成上級交辦任務，偶爾也要為國家人民設想。

外商裝瘋賣傻

事實上看到5.1元高價，廠商作夢都會笑醒：天下竟然有這麼愚蠢的政府。但在經濟部公布2019年躉購費率為每度5.1元時，外商竟上演一齣鬧劇。如上述，以每度5.8元計算，20年額外利潤9000億元，但若以費率每度5.1元計算，20年額外利潤降至「只有」7000億元。廠商們竟然哭喊什麼政府失信，「違反信賴保護原則」。7000億額外利潤不夠，還要逼迫政府非要在2018年簽署購電合約，再多賺2000億元利潤。什麼叫「違反信賴保護原則」？當初投標須知不是寫明了費率以簽約年為準，何時保證非在2018年簽約？現還裝瘋賣傻？有家外商聲稱要重新評估是否繼續進行在台之風電計劃，大家只當笑話看，沒人相信會有任何廠商會捨得放棄這塊大肥肉而退出臺灣市場。

全面投降

　　當然每度薹購費率定為5.1元仍是天價，廠商夢中都會笑醒。但人心不足蛇吞象，外商吃定蔡政府在公投後仍死守2025年非核家園時程，非得立馬開始離岸風電工程的壓力，竟然威脅不完了，還提出3大要求：1.調高費率；2.解除每年發電3600小時時數限制；3.恢復前高後低薹購費率。

　　經濟部在遴選招標時捅了大婁子，自己也心知肚明。在制定2019年薹購費率時，除了將費率調降為每度5.1元外，也規定此一費率只適用於每年發電3600小時，超過部分依台電每度電迴避成本支付（遠低於薹購費率），另一方面取消對廠商極為有利的階梯制費率（採20年均一價，取消前10年高，後10年低的費率），因為即使前十年離岸風機通過颱風地震考驗而倖存，依目前經驗，後十年風機功率可能會大幅下降，發電量銳減。

　　經濟部在2019年1/30公布之最後方案不但將薹購費率由5.1元昇回5.5元，也全盤接受另外兩個條件。

　　原訂3600小時限制何意？每年8760小時，離岸風電約可發40-50%的額定電力，40%就是3600小時，但風力狀況每年未必完全一樣，有時候會超過40%，但經濟部訂定薹購費率是依3600小時計算，每年給足3600電費，廠商就有合理利潤。超過3600小時部分若仍依薹購費率支付，廠商就有暴利，訂定3600小時保護國

人利益,有其道理。但最後之方案,經濟部退讓到4200小時電力都依躉購費率支付,一再棄守,國人看了內心淌血。

另外廠商當然喜歡前高後低的階梯式費率,有人指出經濟部訂定階梯式躉購費率採用的折現率也不合國際費率,有利廠商。經濟部為避免另生事端也乾脆取消,草案中採用20年單一費率。不想此一條款也棄守,全面投降。

其實威脅要停工的廠商只有一家,其他得標廠商雖然嘴上抱怨,但簽約各項準備動作完全沒有停止,因為草案費率也實在太優厚了。進一步分析,就算該廠商走人(機率極低),其得標風場仍可由遴選之第二名補上,經濟部擔心什麼?幕後有更多不可告人的祕密?

目前費率均已底定,若依前高後低及4200小時計算,國人每年進貢外商電費超過1000億元。蔡政府對外商予取予求,喪失國格,醜態百出,國人要忍耐蔡政府胡作非為到何時?

去年12月,在未與漁民達成協議前,政府即主導先行頒發「有條件許可函」給相關業者。目的在於協助業者在去年年底前簽訂購電合約以便適用2018年費率購電。政府官員一向「依法辦事」,何時如此關心廠商利益,如此一路綠燈,大開方便之門?問題是廠商之額外利益正是全民之額外損失。相關單位不應介入調查?

2019年離岸風電躉購費率

表3-5為蔡政府最後定案之2019年離岸風電躉購費率。

表3-5　2019年度離岸風電躉購費率

再生能源類別	分類	裝置容量級距	躉購費率（元／度）		
風力	離岸 [註4]	1瓩以上	固定20躉購費率 [註1]（上限費率）[註2]		5.5160
			階梯式躉購費率 [註3]	前10年	6.2795
				後10年	4.1422

註1：屬離岸型風力發電設備，選擇適用固定20躉購費率者，躉購費率為5.5160元／度。

註2：屬離岸型風力發電設備競標適用對象者，其上限費率為5.5160元／度。

註3：屬離岸型風力發電設備，選擇適用階梯式躉購費率者，前10年適用費率為6.2795元／度，後10年適用費率為4.1422元／度。

註4：除競標適用對象者外，於躉購期間當年度發電設備實際發電量每瓩4,200度以上且不及每瓩4,500度之再生能源電能，依固定20年躉購費率之百分之七十五躉購，躉購費率為4.1370元／度；躉購期間當年度發電設備實際發電量每瓩4,500度以上之再生能源電能，依固定20年躉購費率之百分之五十躉購，躉購費率為2.7580元／度。

（資料來源：經濟部能源局）

第四章

離岸風電成本

　　離岸風電最大問題就是成本實在太貴。本章將進一步研討風電成本議題，較詳細的分析各標案電費，離岸風電成本及電費對民生的衝擊，說明近年歐洲離岸風電成本大幅下降的原因及駁斥政府的諸多誤導與瀾言。

4.1 離岸風電電費

各標案電費

　　目前各標案簽約時程大致底定，可以較準確的估計離岸風電未來每年電費及20年間台灣要「進貢」多少電費給外商。

　　離岸風電招標分為遴選及競價兩個標案，兩案電費當然不同。但其實遴選標案得標廠商也因簽約年不同而適用不同費率，2018年簽約廠商每度5.8元，2019年簽約廠商每度電5.5元。競價標案得標廠商費率平均2.5元。以下依表4-1至表4-3作進一步說明。

　　如表3-2所示，在2018年已簽約的兩案為沒有國產化要求，完工年最早（2020年）的上緯海能案及WPD允能案，兩案總裝

置容量共73.8萬瓩（738MW）。這兩案於2018年簽約，故適用每度5.8元。

表3-3為有國產化要求，完工年分別為2021年、2023年及2024年由6家廠商得標的10案，總裝置容量309.8萬瓩（3,098MW）於2019年簽約，故適用每度費率5.5元。

表3-4為無國產化要求的4個競價標案，每度費率2.5元。

以上各表只顯示不同標案之裝置容量，要如何計算每個標案每年的電費呢？要計算電費就先要知道每年發多少度的電。每年發電度數其實就是裝置容量乘上發電時數（1度=1瓩X1小時=1瓩-小時）。所以每個標案每年發電度數端視風機每年可發電多少小時而定。

這又有兩種計算基礎。經濟部原先計算費率時是以離岸風機每年發電3600小時計算，但在訂2019年費率時又放寬為4200小時，所以5.8元及2.5元兩種費率的標案每年電費以3600小時估計，但適用2019年每度5.5元費率的標案即有3600小時及4200小時兩種算法。

表4-1即為三類標案以不同發電時數計算之發電度數，如均以每年發電3600小時計算，每年總發電度數198億度，若5.5元案以4200小時計，則每年總發電度數為216.5億度。

表4-1為各標案每年發電度數。

表4-1　各標案年發電度數

標案別	裝置容量（萬瓩）	年發電度數（億度）	
		3600小時	4200小時
遴選無國產化要求	73.8	26.5	26.5＊
遴選有國產化要求	309.8	111.5	130
競價案	166.4	60	60＊
總計	550	198	216.5

＊同3600小時

　　但每年電費計算其實更複雜，目前所謂每度5.8元或5.5元都是以20年固定費率而言，但如第三章表3-1及表3-5顯示，廠商可以選擇前高後低的階梯式費率，就是前10年費率高，後10年費率低，所以計算每年費率就要以階梯式費率計算。

　　表4-2即為以不同發電小時並以階梯式計算每年各標案之電費。

表4-2　各標案每年電費

標案別	費率（元／度）	年發電度數（億度）（3600小時計）	每年電費（億元）（3600小時計）	年發電度數（億度）（4200小時計）	每年電費（億元）（4200小時計）
遴選無國產化要求	7.1（前10年）	26.5	188	—	—
	3.6（後10年）	26.5	95	—	—
遴選有國產化要求	6.3（前10年）	111.5	702	130	819
	4.1（後10年）	111.5	457	130	533
競價案	2.5（固定20年）	60	150	—	—

離岸風電大騙局
蔡政府如何掏空台灣兩兆元　　|76

表4-2顯示無國產化要求的遴選案，每年電費前10年188億元，後10年95億元。競標案費率固定20年，每年電費150億元。

　　有國產化要求的遴選案較複雜，若以每年發電3600小時計算，每年電費前10年702億元，後10年457億元。若以每年發電4200小時計算，每年電費前10年819億元，後10年533億元。

　　表4-3顯示每年電費，若有國產化要求的遴選案每年發電時數以3600小時計，三標案每年總電費電費前10年1040億元，後10年702億億元，20年總計1.74兆元。若每年發電時數以4200小時計，三標案每年總電費電費前10年1,157億元，後10年778億億元，20年總計1.94兆元。

表4-3 離岸風電每年總電費（億元）

		遴選無國產化要求	遴選有國產化要求
前10年每年電費	3600小時計	188	702
	4200小時計	188＊	819
後10年每年電費	3600小時計	95	457
	4200小時計	95＊	533

＊同3600小時

　　以上均為簡化算法，因不論任何標案每年發電度數並不確定，但一一計算太過複雜，但都與簡化算法相差有限。另外本書重點為討論2018年的兩個標案電費，為簡化討論也不計約20萬瓩（0.2GW）之示範風場，因其裝置容量很小，影響有限不予納入。

4.2 離岸風電成本比較

　　討論離岸風電涉及金額都是千億元甚至上兆元，一般民眾很難掌握如此巨大金額的真正意義。本節將以離岸風電之建設費用及電費與民眾較為熟悉的案例作一比較，民眾可更進一步了解離岸風電的重大衝擊與荒謬。

與現有核電廠比較

　　以下討論均假設離岸風電發揮較大功能，以5.5元案每年發電4200小時計，離岸風電每年可以提供216億度的無碳電力，但2025年電費為1157億元。以全國830萬家庭計算，每家每年分攤1萬4千元。20年間，每個家庭分攤24萬元，非花這筆大錢不可嗎？

　　如第一章所言，發展離岸風電的主要目的是取代現有核電廠，目前三座核電廠每年可提供400億度無碳電力，每度電成本不到1元，發216億度電，成本只要200億元，以離岸風電取代，每年發電成本增加950億元，以全國830萬家庭計算，每家每年分攤1萬1千元。

許多民眾可能不太相信此一數字，因為許多家庭目前全年電費都不到1萬元，怎麼會分攤如此高額的離岸風電電費？在此略作解釋，其實全台用電，家庭用電占比約20%，工業用電超過50%，其他主要是商業用電。離岸風電增加的電費只有20%由增加家庭電費「直接」負擔，80%由工商業負擔，但工商業電費增加不會反映在產品價格上嗎？到時候就是物價上漲，還是由全國民眾「間接」負擔。

　　政府也經常說廢核而以再生能源取代後，「民生電價」不漲。政府如果不漲民生電價，當然一般家庭電費單上就看不出電費增加，其實是將增加的發電成本100%由工商業負擔，屆時物價上漲最終還是由全民買單。

與核四比較

　　蔡政府預估離岸風電9000億元建設費用是核四兩部機建設費用（3000億元）的3倍，核四兩部機每年可發200億度電，為什麼要花3倍的錢建設離岸風電，每年發電也只有200億度？

基數大表面上漲幅有限

　　經濟部常說電價不會因離岸風電增加太多。以離岸風電取代

核電每年增加的950億元除以2025年全部發電度數2700億度，每度只增加0.35元，看起來真的不高。但原因是分母太大，不能掩飾每年電費增加950億元，全國830萬家庭每家分攤超過1萬1千元電費的事實。

經濟部沈部長曾說臺灣電價相對低，離岸風電對電價影響有限，每家每年增加負擔1萬1千元「影響有限」？部長是現代版的何不食肉糜。

忽視成本考量

本人曾在不同媒體披露以上天文數字，經濟部除了以「偏頗意見」一筆代過外，完全無法答辯，只是強調推動再生能源乃基於「綜合考量」非僅侷限於「成本效益評估」。

經濟部實在太謙虛了，目前蔡政府能源政策何只是不侷限於成本效益評估，根本將成本考量拋到九霄雲外。目前政府公布之「能源發展綱領」明列四大目標：1.能源安全；2.綠色經濟；3.環境永續；4.社會公平，完全不見「成本考量」。蔡政府目前能源政策全面落實後，每年電費將增加2500億元，怎敢碰「成本」兩字？成本考量正是蔡政府能源政策的照妖鏡，其政策之荒謬完全經不起「成本」的檢視，只好避而不談。

與小巨蛋比較

小巨蛋建設費用約300億元，是否續建有很大的爭議，但大家都捨不得拆除，好像白白浪費了300億元。今天如果核電延役，離岸風電的9000億元建設費用就不必花，這9000億元有如丟入大海，大家捨不得浪費小巨蛋的300億元，為何對較小巨蛋成本高出30倍的錢擲入大海又無感呢？

與年金改革比較

以電費而言，年前造成社會嚴重分裂的年金改革，在立法院三讀通過次日，小英總統出面說明因此一重要改革，未來30年可為國庫省下1兆4千億元。但離岸風電20年電費1兆9千億元超過年金改革省下的錢。年金好歹還是發給國人，增加國內消費，離岸風近2兆元可幾乎都是向外國人朝貢。外商每年收了千億元電費又換成外幣匯出，影響台灣外匯市場及匯率，簡直是一筆爛帳。

與捷運高鐵比較

在2018年底選舉時，許多候選人都有建設捷運的政見，屏東也要求高鐵延長到屏東（經費不到1000億元），台北捷運全部建設經費約6000億元，省下離岸風電建設費用9000億元，不但六都都可全面建設捷運系統，高鐵延長到屏東也不是問題。

與庚子賠款比較

離岸風電投標廠商多為外國團隊，外國人到我國海域圈地，再向我國人民收取2兆元電費，正是不折不扣的割地賠款。

清朝末年打了兩次大敗仗，甲午戰後馬關條約賠了日本2億3千萬兩銀子，庚子年也賠了八國聯軍4億5千萬兩銀子。依當年1兩銀子約今日台幣1500元計算，甲午賠款相當於台幣3500億元，庚子賠款相當於台幣6700億元，兩次賠款約1兆元。

清廷是打了兩次大敗戰才賠了1兆元，這兩次戰敗也動搖了清朝政權。台灣今日並沒有打任何敗戰，為何要在割地之外賠款2兆元？這數字相當於六倍甲午賠款，相當於三倍庚子賠款。

4.3 離岸風電成本降低主因

　　第三章提到，2018年在遴選案尚未決標前，在國際上頗負盛名的彭博新能源財務中心（BNEF）曾來台針對離岸風電作公開演講。在演講中，彭博不只將台灣離岸風電費率與其他國家比較，也詳細說明了近年離岸風電建設成本大幅下降的原因。

　　如第三章所述，在遴選作業前，已有許多人指出經濟部躉購費率過高。但經濟部一再狡辯，聲稱國外價格低是因為外國政府已預先完成如環評、海底地質調查、聯外電網併聯等項目，其實這些項目經費都極其有限，根本不能解釋為何國外費率為經濟部躉購費率之半的真正原因。

　　彭博指出，近年離岸風電技術突飛猛進，導致離岸風電價格大幅下降有三大原因：

1. 風機規模加大。目前約為以前之2-3倍，效率與可用率（容量因數）都有所提高，往年要2-3部風機才能提供的電力，現在一部風機即可供應。風機容量加倍，材料增加有限，人工幾乎一樣。因為1個風機抵以往2個風機，海事工程也大幅減少，未來維護費用也減半，風機加大是離岸風電成本大幅下降的最主要原因。BVG公司曾推估，風機由4MW加大為8MW，單位裝置容量成本下降36%。圖4-1顯示風機加大的趨勢。

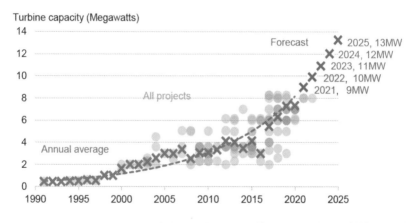

圖4-1 離岸風電風機加大趨勢（資料來源：BNEF彭博新能源財務中心）
【彩圖詳201頁】

2. 施工船舶進步為專業及客製化。海事工程要十幾種不同的施工船舶，早年各型施工船舶並非專為離岸風電所設計，多改裝自原本用於建造海上鑽油平台施工船，施工當然不便，但近兩年許多施工船舶乃是為了離岸風電施工所量身訂做，施工更有效率，詳圖4-2。

圖4-2　離岸風電施工船隊（資料來源：台灣國際造船公司）

【彩圖詳202頁】

3. 離岸風電工程已有十年以上的施工經驗，熟能生巧，離岸風電施工時程也大幅減少，工期大幅縮短。以海上施工船而言，每日租金即為數百萬元，占離岸風電建設成本比例很高，如果施工期間少了一半，節省經費極為龐大。詳圖4-3。

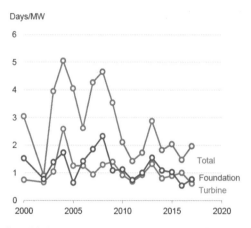

Source: Bloomberg New Energy Finance. Notes. Annual weighted average installation times using project capacity. Total refers to time from first foundation to final turbine installation. Horizontal axis denotes year of final turbine installation.

圖4-3　離岸風電工期縮短趨勢（資料來源：BNEF彭博新能源財務中心）
【彩圖詳203頁】

以上三者為離岸風電成本大幅下降的主因，台灣正可學習美國、日本及韓國的離岸風電開發政策，利用國際上離岸風電技術進步而享受較低廉的發電成本。離岸風電最主要的成本是風機本身及海事工程成本，而不是蔡政府一再強調的一些非核心成本，因條件不同，台灣決標價格容或略高於國際決標價格，但決無可能高出2～3倍之多。

　　但蔡政府作繭自縛，在《電業法》修法時，將非核家園日期定死，去年招標作業都在年底「以核養綠」公投過關解除廢核時程壓力之前。蔡政府當時深恐若不立即決標，必然影響非核家園時程，只好硬著頭皮，以錯編高於國際價格2～3倍的費率決標，國家人民權益在一黨之私的考量下只好靠邊站。

4.4 駁斥政府讕言與誤導

蔡政府在決標前後，也一再使用烏賊戰術，發表各種聲明企圖混淆視聽，誤導民眾，在此僅摘要駁斥。

重新發明用火

經濟部最常辯解其遴選費率較目前國際合理費率高出一倍的說辭即為：國外剛開始設置離岸風電時費率也很高，近年才下降，所以台灣也要走過這個過程。個人看到這種說辭真是啼笑皆非。工業產品年年進步，用同樣的經費今年一定可以買到較去年性能進步的產品。技術進步的產品，不但性能較佳，通常價格也會大幅下跌。最明顯的就是電子產品。個人電腦就是最好的例子，早期個人電腦價格又貴，功能又差，但個人電腦進步神速，目前其功能較早期強過百倍，價錢也遠為低廉。依經濟部邏輯，今天台灣要採購個人電腦，就非得將前人的路重走一遍，以高價採購功能低落的產品，有這種道理嗎？所謂後發優勢就是後來的用戶不必重複前人走過的冤枉路，而可直接享用最新產品。有句西諺：No need to re-invent the wheel（不必重新發明輪子），因為前人已發明，直接拿來用即可。經濟部思維有如要重新發明用火，這重說辭實在不值一駁。

迴避成本

經濟部於其在澄清稿中一再強調離岸風電「迴避成本」。所謂迴避成本意指因為有了離岸風電可以減少以其他電廠供電的成本。蔡政府推動再生能源的唯一原因就是為了取代廢核後的電力缺口，所以要談迴避成本，就要與核電比較，但蔡政府的烏賊戰術就是與火力發電比較，還特別強調火力發電燃料成本每年變動。

經濟部新聞稿強調「迴避成本會隨化石燃料成本而變動」即為有意誤導，這句話暗示發展離岸風電是為了取代火力發電。但政府發展綠能的本意是在於取代同為「無碳」的核電，何嘗是為了取代火力發電？所以計算「迴避成本」就應計算核能發電成本。

核能發電有一特性。核燃料成本占比極低，受國際核燃料成本變動影響極小，所以核電每度電成本十分穩定，當6部核電機組都正常運轉時，每度發電成本都不到1元。近兩年成本較高是因為幾部機組無端叫停，又加上打消帳面上乾式貯存工程費用，核一廠提前除役成本等所造成。扯什麼「迴避成本會隨化石燃料成本而變動」實在令人無言。

日本浮動基礎

經濟部沈部長在立法院接受立法委員質詢時，一再辯稱每度5.8元費率與世界其他國家相當，並舉日本每度9元為例，但日本費率為深海試驗型浮動基礎風機的費率。試驗式浮式基礎造價成本較台灣與歐洲的淺海固定式基礎成本高出一倍以上。試驗型機組單價也遠高於大規模風場單價。以台灣為例，兩年前兩個示範型風機就花了近40億元，平均每度電成本高於競標價格數倍。日本與台灣費率建立於完全不同基礎，沈部長當然心知肚明，不知為何仍在國會殿堂刻意欺瞞，是否藐視國會？

為全民省了4千億元？

在監察院針對經濟部辦理離岸風電過程提出糾正案後，經濟部沈部長親上火線召開記者會喊冤，最精彩的一句話就是經濟部為全民省了4000億元。

這是怎麼回事？我們可以先讀一則笑話：某甲頭腦不是很靈光，第一天花了5兩銀子買了一個市價1兩銀子的商品。第二天學乖了，花1兩銀子買了一個同樣的商品。友人笑他第一天冤枉多花了4兩銀子，某甲憤憤不平，大聲抗議說他第二天省了4兩銀子，此乃古人經典笑話。

今年離岸風電招標，經濟部四月分以遴選方式向得標廠商以每度電5.8元每年購電140億度，六月分以競標方式，以每度電2.5元向廠商每年購電60億度。監察院指出若以2.5元計算，四月分標案每年多付了450億元，20年合約有效期間多付了9000億元。沈部長反過來辯稱如以5.8元計算，六月分標案每年省200億元，20年省下4000億元。沈部長邏輯與上述某甲邏輯如出一轍，頭腦是不是很靈光，國人自己判斷。

歐洲刮風時數倍增？

能源局林局長聽到長官說了精彩笑話，為求表現，立馬說了一個更精彩的笑話。林局長指出歐洲離岸風電單價較台灣便宜是因為歐洲風場較台灣為佳，台灣離岸風電每年發電3600小時，歐洲不止此數。個人真不知林局長是否在幫倒忙？監察院指出因近年離岸風電技術發展神速，不論風機規模，施工船隊，施工工期都有長足進步，這兩年風力成本及單價都有腰斬現象。指出能源局5.8元費率用的是兩年前的老資料，造成國家重大損失。林局長避重就輕，完全不提科技進步才是風電造價大跌主因，反而大談歐洲風場好所以價錢下跌。個人猜想林局長的意思大概是這兩年因氣候變遷，歐洲風力變強，刮風日子也變多，風力發電時數由每年3000小時增為6000小時才是這兩年歐洲風力單價砍半的主因。對於林局長的「解說」，個人也嘆為觀止。

第五章

離岸風電國產化

5.1 綠能與綠能產業

綠色經濟

　　由以上數章討論，讀者應了解「離岸風電產業國產化」在蔡政府能源政策中的分量。國產化成為以兩倍費率向開發商購電最主要的理由，本章即較為全面的討論離岸風電國產化相關議題。

　　第一章討論蔡政府能源政策時即指出蔡政府將「綠色經濟」列為「能源綱領」四大目標之一就是「全球首創」。發展產業與能源政策何干？全球沒有任何國家將產業發展作為製定能源政策的考量因素。蔡政府好像分不清「發展綠能」與「發展綠能產業」是兩碼子事。

　　政府要另編預算發展綠能產業是一回事，但目前要全民以5倍電費（風電較核電貴5倍），每年多花近千億元電費發展離岸風機產業，則完全是豈有此理。有如為了發展汽車產業，要求全國人民花300萬元購買原本只值60萬元的國產車，以發展產業作為發展離岸風力的理由根本不值一駁。

　　能源局發展本國陸域風電產業紀錄也不佳，否則較離岸風電

遠為單純之陸上風電今日也不會為外商所獨霸。

近日鬧得全球不得安寧的中美貿易戰原因之一就是美國指控中國大陸「以市場換技術」，蔡政府目前發展離岸風電產業作法是否有些面熟？

政府責任

產業發展本來就不是政府強項，政府任務是要提供完善基礎建設（穩定價廉的電力供應即為其中重要項目）及制訂友善工商業發展的法規制度（修正環評惡法等）。民間企業界自然會自行發展具國際競爭力的產業，不勞對產業外行的政府越俎代庖，這也正是張忠謀反對政府發展所謂五加二產業的主因。

其實政府推動國產化，一開始就走錯路，離岸風場有如國內礦藏，為何要交由外商開發再買回？將原本的國產風電變成最貴的進口能源，並強迫全民買單！中國、日本、韓國都是本國開發商主導，外國風機業者只是本國開發商的「供應商」，是業主與包商關係，要推動技術轉移，在其委辦合約上要求「供應商」動態配合國內產業需求推動相關技術轉移，遠比目前割地賠款再乞求各種不具約束力的承諾更為具體可行，國內產業界也已相當熟悉其操作策略及執行細節，可惜蔡政府對此領域一無所知！

蔡政府目前割地賠款作法是將大好江山的風場由外國人開

發，再花大錢將生產的產品（電力）買回，希望由簽定沒有法律約束力的所謂備忘錄（MOU）來推動國產化，隔靴騷癢，起手式就錯了。還一錯再錯持續以各種似是而非的論述辯解，欺騙對能源及工業議題不熟悉的國人，嚴重削弱台灣產業的競爭力！

綠能「慘業」全民出資

政府大力鼓吹的「綠能產業」基本上沒有市場競爭性，需要各國政府政策扶持補貼，根基並不穩固。任何新興產業初始時必都百家爭鳴，但最終在市場上存活率都不高。美國已發生多起政府大力補貼的綠能業者倒閉而造成的政治風波。吾人應特別留意世界各國的「綠能產業」為持續壟斷國際市場，已逐漸結合成「全球性利益集團」，目前正結合國內下包廠商以其片面說詞影響我國能源政策。但問題是合乎「全球性利益集團」的政策不見得合乎台灣的全民利益，政府在制定相關政策時應以全民利益為優先考量方為正途。

依目前政府規劃，全國民眾要多花1兆元電費以發展離岸風電產業，但即使某些廠商得到技術轉移，未來真在外銷零組件時獲得一些利潤，但也是由該公司股東分享，全國民眾會分到一毛錢嗎？以往政府有強迫全民出這麼多錢只為私人廠商「國產化」的先例嗎？

5.2 各標案國產化目標

討論國產化宜先了解離岸風電相關產業。圖5-1為離岸風機及海事工程相關組件及產業。

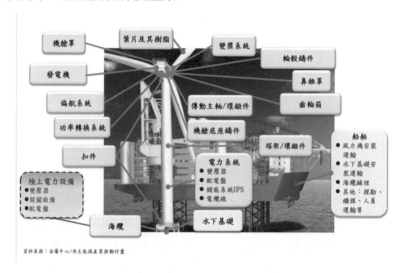

資料來源：金屬中心／再生能源產業推動計畫

圖5-1 離岸風電產業圖（資料來源：金屬中心）
【彩圖詳204頁】

第三章曾說明2020年前完工的兩個標案（費率5.8元）及競標的標案（費率2.5元）沒有國產化要求。有國產化要求者為經由遴選得標但完工年在2021年到2024年費率為5.5元的10個標案（表3-3）。

但這10個標案國產化要求並不全然相同，國產化要求依完工年而決定。表5-1規定不同年度完工標案的國產化項目要求，圖中2022年之前完工者稱之為前置期，2023年及2024年完工者，則分別稱之為第一階段及第二階段。

表5-1 離岸風電產業發展目標

併網時程	2021年	2022年	2023年	2024年	2025年
期程	前置期	前置期	第一階段	第二階段	第二階段
產業發展項目	➤ 塔架 ➤ 水下基礎 ➤ 電力設施： 　1.變壓器 　2.開關設備 　3.配電盤 　以上3項為陸上電力設備 ➤ 海事工程規劃、設計、施工及監造、製造： 　1.調查、鋪纜、探勘等施工及監造、船隻與機具規劃設計、安全管理(能源局) 　2.船舶製造：提供需新建或改裝之施工船隻產業供應鏈(調查、支援、整理、交通、鋪纜類船隻)(工業局)	➤ 2021年前置期項目	➤ 風力機零組件： 　機艙組裝、變壓器、配電盤、不斷電系統、鼻錐罩、電纜線、輪轂鑄件、扣件 ➤ 海纜 ➤ 海事工程規劃、設計、施工及監造、製造： 　1.塔架、水下基礎等施工及監造、船隻與機具規劃設計、安全管理(能源局) 　2.船舶製造：提供需新建或改裝之施工船隻產業供應鏈(運輸、安裝類船隻)(工業局) ➤ 2021年及2022年前置期項目	➤ 風力機零組件： 　齒輪箱、發電機、功率轉換系統、葉片及其樹脂、機艙罩、機艙底座鑄件 ➤ 海事工程規劃、設計、施工及監造：風力機零件施工及監造、船隻與機具規劃設計、安全管理(能源局) ➤ 2021年及2022年前置期項目 ➤ 2023年第一階段項目	➤ 2021年及2022年前置期項目 ➤ 2023年第一階段項目 ➤ 2024年第二階段項目

（資料來源：經濟部能源局）

由表可知經濟部將可能國產化之項目分為三類：第一類為2021年完工，裝置容量共169.8萬瓩（1698MW）的5個標案，國產化項目包括塔架、水下基礎；第二類是2023年完工的1個標案，裝置容量45.2萬瓩（452MW），國產化項目包括機艙組裝、配電盤、變壓器、電纜線、鑄件及海事工程。第三類為2024年完工的4個標案，裝置容量共94.8萬瓩（948MW），國產化項目包括齒輪箱、發電機及葉片等。

　　下節將較詳細討論目前政府規劃的國產化大計到底有那些大問題。

5.3 國產化檢討

基本錯誤

　　2018年在某離岸風電之研討會中，與會國外能源智庫指出蔡政府發展離岸風電產業有以下三大問題：

1. 以台灣之市場規模，不集中專注特定技術而分為好幾個標案由不同廠商得標，無法建立學習曲線。
2. 國際上所謂關鍵零組件指的是：葉片、齒輪箱、發電機與控制系統，而不是台灣自認為強項的「基礎」及「塔架」等。台灣就算只做關鍵組件，認證的費用與程序也非一蹴可及。
3. 國產化必須依賴持續性長期建案，細水長流，台灣一次性建案極不利於扶持產業與人才培育。

　　這幾點錚言以下將進一步解釋。

關鍵零組件與經濟規模

　　離岸風力關鍵技術，指的是葉片、齒輪箱、發電機及控制系統等。但今日國內廠商參與金額較大的反而是塔架、水下基礎，

周邊設施如變壓器、配電盤及電纜等。真正關鍵的零組件，有些本來即成功打入國際市場（如輪轂、機艙罩等超大型鑄件之永冠），但如齒輪箱、葉片、發電機傳動軸等仍有待「國產化」的項目又遇到經濟規模不足的障礙。

要建立產業一定要有經濟規模，目前兩階段釋出之550萬瓩容量勉強符合經濟規模。但依經濟部規劃，在總裝置容量550萬瓩中，只有2024年完工的98.4萬瓩才有關鍵零組件國產化的要求。

目前在台灣活動之離岸風機廠商至少有MHI-Vestas（丹麥）、西門子—Gamesa（德國）、奇異（美國）及日立（日本）。各家又有不同機型，關鍵零組件規格都不同。因各開發商採用不同機型，結果沒有任何一個機型可達推動國產化的經濟規模。國內廠商也指出標檢局連「驗證」與「認證」名稱都搞錯，也根本不願投入大量資本及資源開發不符經濟規模的產品。

為爭取標案，許多國際風機廠商投標前也與國內廠商紛紛簽署備忘錄，但一方面備忘錄沒有法律效力，另外受限於WTO規定，經濟部招標文件也未強制開發商投資多少金額培值國內廠商及採用本土產品的比例，這就有兩個疑點：未定國產化比例，如何訂定躉購費率？未定國產化比例，如何訂定國產化目標？監察院比較了2010年之後的公式，發現「國產化」卻從來沒有被納進去，很難論證這麼高的「躉購電價」和具體執行「國產化」方案

的關聯。促進國產化之功效也令人懷疑。

若台灣開始即由台電、中鋼等國內企業完全開發主導，則可審慎評估選定單一機型進行長期而有序的技術轉移以達國產化之目標。但問題是目前風場由7家不同開發廠得標，未來採用之風機也不是同款，無一可達建立產業之經濟規模。

政府東施效顰，畫虎類犬所謂先躉購再競標的唯一理由就是發展離岸風電產業，但如彭博資訊社等國外機構早就指出政府這種揠苗助長、急就章式的產業發展，「成功機會極微」。

產業發展時程及市場前景

建立任何產業決非一朝一夕之事，人才培育要時間，廠商學習要時間，必須詳加規劃，並有務實可行的持續性市場，細水長流才可成功。但今日因廢核時程急迫，蔡政府在自我設定之時間壓力之下，兩月之間以遴選及競價方式匆匆釋出550萬瓩容量給外商，其離岸風場開發政策已完全遏殺離岸風電的國產化機會。

媒體曾訪問本地海事工程廠商，共同抱怨就是開發時程太快，工程大餅「看得到，吃不到」。以施工船技術人員而言，目前都是外國人，培養這些人才都要很長時間，並且都要有「證照」才能操作。工業局也曾考慮要設人才訓練中心，廠商告知至少五年，訓練完成，工程也結束了。工研院也曾指出要在2025年

快速達到綠電占比20%，就來不及扶持在地產業。蔡政府目前急著一次性大量釋出550萬瓩容量的做法，已完全與建立在地化產業的目標背道而馳，很可笑的是，經濟部還一再宣揚其離岸風電政策可以增加2萬個人的就業機會，到時增加的可能只有在工地賣冰水、賣便當的就業人口。

沈部長在公聽會上指出臺灣發展離岸風電歷程與歐洲國家相同，都是先躉購再競標，目的都在於扶持國內離岸風電產業。但沈部長故意不提國外發展離岸風電產業花了十年工夫。躉購方式也在十年後產業成熟後才改為競標，那有像台灣兩個月前躉購兩個月後就改為競標的先例？得標外商也以譏諷的口氣說：「台灣國產化是全球最大膽與最有野心的。」歐洲風能產業執行長也指出「要創造在地就業機會，交給市場是最好的辦法，由上而下的要求是行不通的。」沈部長是工業局出身，對產業發展千辛萬苦極花時間必然有深刻的體會，為何談到風電就換了嘴臉？沈部長一遇離岸風電就不顧專業，竟然還以經濟部能大幅縮減從躉購變競標的時間向國人邀功，封之為「瘋電部長」誰曰不宜？

參與離岸風電深入的國內業者也老實指出：趕在非核家園時程前完工的壓力下，造成「四缺」：缺認證、缺技術、缺基礎、缺人才。其結果是產業發展一場空。

民間企業投鉅資發展新生產線一定要有「願景」，也就是未來的市場。但2018年離岸風電兩個標案再加示範風場共570萬

瓩，台灣以後還會發展離岸風電嗎？目前政府規劃在2025年完成陸域加離岸共6.9GW風力外又要建置20GW太陽光電，總共26.9GW，在陽光普照且風力強勁的秋冬季節若滿載發電，其裝置容量已達台灣冬季尖峰用電需求。獨立電網的台灣可以100%依賴不穩定的再生能源嗎？如第二章討論之「棄電」風險必將發生。未來秋冬季節，風力、大陽能必將形成極為嚴重競爭上網，互相排擠的態勢，不是棄風就是棄光。侈談離岸風電在裝置570萬瓩後在台灣還有市場的政府官員，是不了解電網的外行人說的外行話。

今天政府畫的海外市場大餅總有一天要落實，10年後大家可以檢驗全民花了2兆元電費（還大多匯往國外）建立的離岸風電產業到底為台灣創造了多少外匯，如果證明是一場大騙局，今日大力推動離岸風電之政府官員及在旁搖旗吶喊的媒體及各界人士，就等著接受人民的審判吧。

過往國產化教訓

多年來政府都希望籍由重大建設進行技術轉移以達成國產化，但因各種條件限制（主要是台灣市場規模），每每徒勞無功。火力發電一直是台灣供電主力，累計裝置容量比離岸風電大了何止十倍，40年前政府就希望將火力機組進行國產化，也曾與

奇異公司成立了合資公司，多年後還是以清算解散，結束營業作收。

我國在進行捷運、高鐵等軌道工程時也何嘗不想籍機技術轉移，增加國產化比例？但在國內工程結束後，國內廠商也很難取得原技術轉移廠商的海外工程訂單，因為這些廠商本來就有其供應鏈，還是得先照顧長期合作之本國下游供應商，英國組裝工人在風機建成後立即失業即為最好的例子。

但以往要求技術轉移都還算按部就班，仍在價格競標條件下要求技轉，沒有像離岸風電這麼離譜的。

國家資源有限，發展何種產業相互有很大的排擠，豈能不慎？怎麼可以為廢核電而強推綠電，以意識形態帶領產業政策？錢要花在刀口上，為發展虛無飄渺的離岸風電產業，浪擲2兆元購電費用，且降低供電品質及產業界的投資意願，是全體國人即將承受的重大災難。

5.4 SWOT分析

什麼是SWOT

　　SWOT是strength, weakness, opportunity及threat四個字的第一個字母。任何公司要發展產品就一定要由這4個角度進行分析。Strength及weakness為自身強項及弱項，O是opportunity（機會），說白了就是市場，T是threat（威脅），簡單說就是商場上的競爭對手。

　　任何私人產業增加生產線，開發新產品，無不戰戰兢兢多方考量做SWOT分析，了解本身強項、弱項及未來市場及對手，花的是自己的錢，不可不慎。今日經濟部以高額躉購費率吸引國外商投資9,000億元開發台灣的離岸風場，並以發展國內的離岸風電產業做為其離岸風電政策，但從未做任何分析報告，大概因公家機關花的是老百姓的錢錢，不痛不癢之故。

市場分析

　　以市場而言，離岸風電地域性極強，吾人即應仔細研究在東亞是否有市場。在東亞國家中，中、日、韓本身都自產離岸風機，海事工程施工能力也強過台灣，經濟部訴求的主要目標是東

南亞市場。

　　東南亞國家中，星、馬、印三國位於赤道無風帶，以地理條件而言，不會發展離岸風電。

　　越南陸地面積約為台灣十倍，地形狹長，海岸線3000公里，極多地點合適設立陸域風機，何必設置較陸域風機貴上數倍的離岸風機？越南現有之小規模離岸風機也是在美國財政援助之下，裝設幾座美國奇異公司小風機作為「節能減碳」的面子工程。越南目前陸域風電與離岸風電躉購費率相同，擺明了無意發展離岸風電。

　　菲律賓是個群島國家，島嶼極多，在大洋中小島嶼上建設之陸域風電其年發電時數相當於離岸風電（澎湖即為明顯例證），在島上建造陸域風電即可，又何必大費周章建成本貴上數倍的離岸風電？

　　基本問題是越南、菲律賓政府比蔡政府務實多了，發展電力之主力仍為基載電力。兩國都有缺電問題，近年都大力投資建設供電穩定、價格低廉的燃煤機組。開發中國家實在沒有經費及意願大力發展大而無當、又貴又不能提供穩定電力的離岸風電。台灣不但風機產業、海事工程能力薄弱，環顧四鄰也並沒有離岸風電市場，為何台灣人民要花近2兆元電費發展「離岸風電產業」？還有環保立委說什麼「海上台積電」，腦袋還不只是少根筋。

離岸風力無論如何發展都較燃煤電力貴上許多。菲、越兩國近年經濟蓬勃發展，都在大力建設穩定價廉的燃煤發電，從未將供電不穩、價格相對昂貴的離岸風電納入國家電力發展計劃。

競爭對手分析

台灣在東南亞市場最主要競賽對手是中國大陸。離岸風電技術分為兩大區塊，一為風機製造，一為海事工程。以離岸風機製造廠商而言，中國大陸已有金風、華銳、湘電、明陽、東萬及聯合動力等六家有能力製造大型離岸風機的廠家。

海事工程更是一個區域性極強的產業，建設離岸風機基礎及塔架要動用多種施工船。施工船以日計租，遠洋而來之施工船隊絕無法與鄰近風場之施工船隊競爭。以海事工程施工能力而言，只要看中國大陸近年在南海填海造地的規模，即可窺其一斑。台灣離岸風機開發商原本要租用中國大陸施工船隊施工，也因政治原因而遭否決。

中國大陸近年推出一帶一路計劃，成立亞洲基礎設施投資銀行，在全球進行基礎設施建設與融資，會輕易放過在家門口的東南亞市場嗎？台灣有在技術上、外交上、融資上與潛在對手有競爭力嗎？

蔡政府作為國產化標桿，也是唯一在離岸風力標案得標的民營公司上緯在今年6月已急著全數出脫得標標案持股。經濟部任命為帶動國產化wind team領頭羊的中鋼公司也悄悄卸下台灣風力發電產業協會理事長職務。當真正了解內情者都紛紛退出時，蔡政府及經濟部仍然以「發展離岸風電產業」口號繼續矇騙國人。

所謂離岸風電產業終為畫餅，有如竹籃打水一場空，白忙一場。試問這種比貪污還可怕的政策所造成的災難何人負責？誰負得了2兆元責任？將來就算大舉辦案，台灣也已被掏空了。

5.5 國產化弊案

放寬國產化要求

　　經濟部一再強調遴選階段費率高於競價標兩倍之多的最主要原因就是「國產化」成本。在遴選投標階段之評分中「產業相關效益」（即國產化）占40%，因此外廠投標書中也附上許多國產化的「合作備忘錄」。經濟部要求得標外商在2018年10月底前將國產化報告送工業局審查。但台灣本地廠商工廠產能有限，根本無法應付突如其來的大量訂單，在投標時「一女多嫁」與許多外商分別簽了「婚約」（「合作備忘錄」），現在每家花轎都上門了，產能不足的實情立即曝光。顯示經濟部原先調查規劃極不專業，十分粗糙。以得到最大標案的沃旭為例，經工業局三次審查，都未過關，許多廠商到2019年4月還拿不到工業局的同意函。

　　媒體報導離岸風電開發商國產化方案在工業局審查觸礁，經過與國內業者及經濟部三方協調，能源局終於確認國內產能的確不足，開發商無法執行國產化承諾。能源局決定開外商未來可透過成立產業基金、或將部分競標風場國產化等方式替代。

2017年與媒體座談時，沈部長意氣風發點名離岸風電是五加二產業的重頭戲，將由遴選機制使離岸風電達到七成國產化，並帶動發電機、齒輪箱等關鍵零組件的全面發展，今天投標外商連自己提出的基本國產化要求都達不到，沈部長也一聲不吭。

天下就有這種事。如果是其他標案，廠商在得標後無法履行其在投標建議書中的承諾，招標單位不但二話不說予以廢標，依法還要提報工程會將該廠商列入黑名單予以「停權」，三年內不准投任何政府標案。今日離岸風電開發商無法達成其在投標書中的承諾，反而是政府退讓，再放一馬。另外原審查機構是工業局，為何後來由能源局放水?主管全國工業政策及工業發展的不是工業局嗎？工業局被上級交辦的離岸風電國產化搞得苦不堪言，外商報告實在看不下去，無法核准。能源局突然事主變公親，自己跳下核准，行政程序沒有暇疵嗎？監察院不應調查嗎？

不需國產化享高費率

經濟部在辯護其遴選費率較競標費率高出一倍以上的主要說辭為前者有國產化任務，後者沒有，顯然依經濟部認知，推行國產化不是免費的午餐，廠商因此是要付出額外代價，廠商說法也相同。

召開2019年再生能源躉購費率審定會「風力發電分組」第一次會議之會議記錄顯示，廠商指出第二階段競標價格大幅下降的原因為：沒有「在地產業關連性」要求，所以成本較低。在討論躉購費率計算使用參數時，業者也要求國產化項目及比例應納為期初設置成本的重要考慮因素。

　　換句話說，有無國產化要求對躉購費率有很大的影響，沒有國產化任務的標案，其躉購費率應該遠低於有國產化要求的標案。

　　但大家若細察2018年4月分的遴選標案，其實分為兩種，在2020前完工的標案沒有國產化要求，之後年度完工的標案則有國產化要求。

　　2018年底政府在未與漁會達成協議前就違法與廠商簽約的兩個標案就正是2020年完工，沒有國產化要求的兩個標案。但這兩標案的躉購費率為每度5.8元，猶高於其他有國產化要求標案5.5元費率，這就明顯構成圖利。經濟部明知這兩個廠商成本較低，但仍給予要負擔國產化任務廠商類似的高費率，是不是要出面解釋？如果解釋還是一如往常，避重就輕，荒腔走板，監察院完全可以針對此二標案之簽約事實提出彈劾。

　　既然討論弊案，在此就加幾項離岸風電相關弊案。

放寬發電時數

在3.3節討論2019年離岸風電躉購費率時，曾提到經濟部將原訂以每年發電3600小時為費率適用上限放寬為以4200小時一事，其實也是另一弊案。

以民營火力電廠（IPP）為例，台電支付民間電業之電費分為兩部分，一為容量費率，一為能量費率。容量費率是補償廠商建廠成本，能量費率補償廠商運轉成本（主要是燃料成本）。假設民營燃氣電廠業者與台電簽約供電25年，每年供電3600小時，台電即以廠商建廠成本除以25年總發電時數支付廠商容量費率。

離岸風電沒有燃料成本，躉購費率基本上就是容量費率，經濟部原以購電20年、每年購電3600小時作為計算躉購費率之基礎，為何一夜之間改為以4200小時為上限。隨手一改，全民損失又以千億元計。不又是一大弊案？

離岸距離不同費率相同

離岸較近的風機海深較淺，比較容易施工，成本比較低。離岸遠的風機海深較深，成本比較高。這是用膝蓋想都知道的事。全球各國離岸風電費率都因風機離岸遠近海深不同而有所差異，歐洲國家如此，中國大陸也一樣，大陸離岸近的「潮間帶」費率

就較深海為低。只有台灣不論海深，躉購費率都一樣。似想若以此費率深海開發商還願意開發，表示還有相當利潤，淺海開發商不是賺得滿坑滿谷。如果這不是圖利，什麼是圖利？

另外簽約時效德國12年，英國15年。不要忘記兩國費率都遠低於台灣，經濟部非要以兩倍費率簽約20年，是否也要深入調查？

競標風電直售企業

今年4月《再生能源發展條例》修正案通過，規定未來用電大戶依法必須購置一定比例的綠電，但目前市場上綠電幾乎都賣給台電，台電依《電業法》又要降低碳排係數，無法大量賣綠電給企業，所以企業想買也買不到，暴露了《再生能源發展條例》與《電業法》的衝突，突顯了政府在減碳政策上手忙腳亂，毫無章法。何以致此？當然蔡政府又要減碳又要廢核，「又要馬兒好，又要馬兒不吃草」是目前亂象的重要原因之一。

經濟部提出為企業解套的方法竟然是開放競標階段的離岸風電以高價直售企業。勿忘離岸風電競標階段的價格為每度2.2元到2.5元。當時規定要售予台電，或可抵消部分遴選造成的損失，怎麼專案進行到一半，突然改變遊戲規則，得標廠商可以用高價直接賣給企業，勿忘這可是在全民共有的台灣海域產生的風

電。這是否又是圖利？公務員沒有瀆職？

揭弊者保護法

蔡政府在離岸風電標案肆無忌憚一路違法惡搞，自認可一手遮天，視全國民眾於無物。林肯有句名言：「你可以短期愚弄所有人，你可以永遠愚弄一群人，但你無法永遠愚弄所有人。」

以離岸風電而言，個人完全是局外人，許多事是霧裡看花，提出之意見也是掛一漏萬，隔鞋搔癢。本書只是拋磚引玉，希望許多知道更多政府異想天開，不合常規甚至違法的行為的局中人未來發表高見。

近日行政院會通過《揭弊者保護法》草案，法案將送立院審議。法務部表示，政府的公部門或民間私人企業，都可能發生危害公共利益的不法行為，因此，政府立法要對揭弊者的身分保密並保障其工作權，盼這項草案能建立「反貪腐」的機制。

不論政府單位或民間企業人員，對離岸風電之禍國殃民應有較本人更深的體會，並也知道更多外人不知道的內幕。今天人在屋簷下不得不低頭，只能噤若寒蟬，忍氣吞聲。現在有《揭弊者保護法》保護，在2020年政黨輪替後，必然有更驚悚的內情披露於社會。

結語

　　針對蔡總統諸多錯誤施政，有一大哉問：到底是「好傻好天真」還是「好壞好故意」？個人認為這有一個轉變的過程。

　　2015年個人拜讀民進黨智庫「新能源政策」並與其能源小組召集人吳政忠及小組成員對談後，深感此一能源政策是由一群毫無能源實務經驗，不食人間煙火，對成本毫無概念的學者們在象牙塔中所泡製的「理想世界」。當時個人就曾警告：落實「新能源政策」將對台灣造成重大災難（註）。但能源知識貧乏的蔡總統對其能源團隊極為信任，對「新能源政策」照單全收。個人認為這是「好傻好天真」階段。

　　但去年離岸風電相隔兩個月的兩次標案之決標費率差了兩倍，造成國家1兆元損失就不能以「好傻好天真」解釋。遴選階段5.8元費率高於競標費率的2.5元兩倍以上，很難懂嗎？傻到看不出來嗎？這可無涉能源知識。但蔡總統寧可為了一人一黨之私，蠻幹到底，不惜全民付出兆元代價就只能以「好壞好故意」解釋了。

　　有道是「錯誤的政策比貪污更可怕」。個人不知阿扁總統在海角到底藏有7億還是70億，但再多也不會上兆。南韓第一位女總統朴謹惠遭判刑25年，貪污金額也是兆元零頭。離岸風電的2

兆元及能源轉型的6兆元衝擊（除離岸風電外還得加上增加太陽能及燃氣發電的衝擊）正是「錯誤的政策比貪污更可怕」這句話最可悲的寫照。

被騙已經夠可悲了，更可悲的是被騙了還不知道，被賣了還替人數鈔票。為了離岸風電，未來20年台灣支付外國人電費幾為庚子賠款3倍，甲午賠款6倍，又沒有打敗仗，台灣何辜？但社會上知道離岸風電為奇恥大辱的人並不多。

甲午戰後，史家有言：「中日戰役，簽訂馬關條約，創深痛巨，而國人昧於世事，對此重大之國恥，猶多未甚措意。」今日台灣離岸風力案自投羅網，是更大的國恥。甲午戰爭發生在19世紀猶可歸因為民眾無知。但離岸風電奇恥大辱發生在21世紀的台灣，全國上下，包含青年學子，竟然視若無睹，毫無動作，不知外人與後世將如何評論今日台灣。

個人寫本書時有寫賣國史的深沉悲憤，在吾人眼皮下正在發生的賣台巨案，總要有人秉史筆忠實記錄，給國人留下歷史真相。

註：2015年個人曾為文對民進黨「新能源政策」作全面性之檢討，四年後驗證本人批判全部正確。詳《台灣的能源災難》一書及「台灣能源」部落格：「民進黨能源政策總體檢」。

附錄

離岸風電違法亂紀

高銘志

比利時魯汶大學法學博士
國立清華大學科技法律研究所副教授

監察院指謫經濟部推動離岸風電違法濫權

這兩年筆者針對經濟部離岸風電的法制問題，撰寫諸多評論。監察院於月初（12月5日）通過監察委員陳小紅、王美玉調查報告，要求行政院督促經濟部確實檢討改進，以維護國家權益。也感謝監察院在糾正報告當中，爰引筆者諸多分析，特別是規避法規命令，濫用行政規則，涉及兆元利益，卻規避立法院監督之分析。

不過在該報告中，指謫的規範，主要聚焦在今年初制頒的《離岸風力發電規劃場址容量分配作業要點》。主要反映出了冰山一角的以行政規則，規避國會監督的方式，但實際上，是否經濟部的違反濫權與擴權，僅止於此？就讓本文來一一娓娓道來過去幾年間的違法亂紀之處。

擴權的首部曲：《離岸風力發電規劃場址申請作業要點》
山也經濟部，海也經濟部

雖然監察院糾正報告內將矛頭指向今年一月頒布的《離岸風力發電規劃場址容量分配作業要點》，但實際上若要追溯濫權之祖，應當是：開啟這熱鬧離岸風電開發序曲，早於2015年就已經埋下的濫權始祖的「行政規則」──《離岸風力發電規劃場址申請作業要點》經濟部能源局令中華民國104年7月2日（以下簡稱「場址要點」）

筆者在過去數年間，在各種國內外場合的演講過程，一再提到系爭行政規則的諸多詭異之處，也一再讓海內外的能源法專家們個個嘖嘖稱奇。

若以經濟部回應監察院報告（澄清監察院有關離岸風電政策說明，107-12-10）所畫出的法規架構圖來看，想必各位一定相當納悶，為什麼上面僅有離岸風力發電規劃場址「容量分配」作業要點。但啟動這一個作業要點程序，且名稱雷同度相當高《離岸風力發電規劃場址「申請」作業要點》卻不在這一張架構圖上？

肯定的是，要不然就是漏畫？要不然就只是頭痛醫頭，腳痛醫腳，從來沒有仔細想到這些要點之間的法規架構關係。

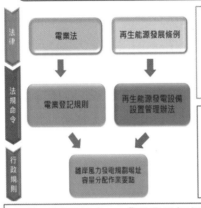

圖A1-1 離岸風力發電法規架構圖（資料來源：經濟部）

【彩圖詳205頁】

‧三級單位卻可凌駕部會層級

　　此一場址要點須先提醒大家注意的是，制訂者。其制訂者是
「經濟部能源局」，而不是「經濟部」。想必大家會納悶，這有
什麼差別嗎？

當然有。我們要知道，目前在中華民國大部分的行政法規所規範的主管機關，一般都只有到部會的層級，不會到三級單位；而涉及部會層級，勉強這部會可以處理其他部會的業務，但三級單位的權限，其實是大幅限縮的，通常只能處理該部或該局的業務執掌。

　　但在此場址要點下，卻讓能源局大幅擴權，成為**統令（越權）環保署、內政部、財政部等部會的上級單位；甚至，此一要點，凌駕國土計畫法、環境影響評估法等立法院三讀通過的法律！**

・凌駕內政部與行政院

　　在此要點下最常被爰引者，便是此一「潛力場址範圍」圖。而在這一張圖，將台灣西海岸的海洋區域做了劃分，並讓開發商申請開發。

　　眾多海內外的能源法專家，在看到這張圖後，往往問我的最常見問題就是：「**你們國家管轄海洋空間分配或海域的主管機關到底是誰？**」我的回答向來就是：「不是內政部，就是行政院」。

潛力場址範圍資料

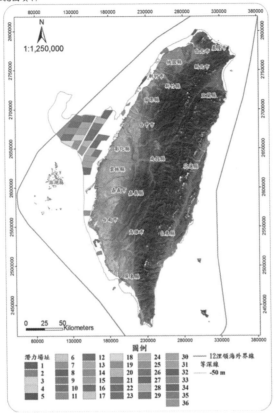

https://www.moeaboe.gov.tw/ECW/populace/Law/Content.aspx?menu_id=2870

圖A1-2 離岸風力發電潛力場址範圍圖（資料來源：經濟部）

【彩圖詳206頁】

◎內政部，係從海岸管理法、國土計畫法、區域計畫法（包含非都之管制）等這些法律中，取得對於海域土地的管轄權。

◎行政院則是涉及海域相關活動之許可〔如：《中華民國專屬經濟海域及大陸礁層法》第七條：「（利用海水、海流、風力生產能源，應經政府許可）在中華民國專屬經濟海域利用海水、海流、風力生產能源或其他相關活動，應經中華民國政府許可；其許可辦法由行政院定之。」〕

在前述所列行政法律授權下，內政部、行政院對相關海域利用行為，取得某程度規範形成權。就算，我們承認經濟部因為《再生能源發展條例》的**再生能源離岸風電推動事務的關連性**，而取得部分的規範形成權，但空間是相當限縮的。以過去向來運作實務上，均將相關議題回歸**計畫或土地主管機關管轄**。如，經濟部並不會因有再生能源規劃權，就完全可恣意在各種農地上興建太陽光電；而仍須聽農委會的意見並依據農委會相關規範。

過去幾年，離岸風電的海域土地利用規劃，若勉強由經濟部的法規命令來規劃，可能也就很誇張了，什麼時候輪到經濟部下的「能源局」所制訂的行政規則來規劃？

・凌駕環保署與環評法

去年最流行的一句說法，就是：「離岸風電開發商要在年底

前通過環評，不然就無法拿到後續開發的資格。」而這句話，是怎麼來的呢？很多人會納悶說，我們環評法明明就沒有規定開發商什麼時間要通過環評阿？這樣的規定，到底規定在哪裡呢？明明環評法修法就還沒過，怎麼會跑出這樣的規定呢？

在此，公布答案。這就規定在此一三級單位所制訂的行政規則。一個三級單位能源局所定的行政內規，竟然可以對其他部會所主管的法律說三道四。雖然說環保署不一定要聽，但這難免在實際上對其他部會造成壓力。這也導致，去年環保署副署長詹順貴大動肝火，認為不應該將這樣的壓力，壓在環保署身上。

系爭三級單位的行政內規，也「事實上」發生強大的法律效力。環保署不敢不從、不想背黑鍋的結果，也讓環保署創下半年通過19案離岸風場環評10.07GW的環評記錄。此舉這也引發白海豚保護團體的批評，眾多海洋生物、海洋的影響，因倉促而並未被充分納入考量。

‧凌駕財政部，越俎代庖？

場址要點中，多次提及「財政部國有財產署」。向來涉及國有土地利用處分之相關議題，在《國有財產法》下有相當鉅細靡遺的法規命令與行政規則加以規範。相關國有土地的取得與利用等程序，均是需透過財政部國有財產署加以處理，過去也不曾因為再生能源發展（如太陽光電），而有能源局的特殊規定。

那既然如此，是否會發生開發商可不遵守場址要點，而透過財政部國有財產利用之法規範，取得系爭海上用地之權利？目前當然是不行。故，此一規範，**竟發生經濟部三級單位自我黃袍加身，成為財政部國有財產署門神的效果！**

擴權二部曲：「電業登記規則」的大擴權

面對前述開發商10GW申請爆量，經濟部真是一則以喜，一則以憂。喜的是，這樣就可以跟上頭大邀功了；但憂的卻是，若這些案子全部都用這麼高的躉購費率（FIT）來收購，肯定是會造成全民大反彈。更不用說，這10GW的量，台電根本來不及發展相關的基礎建設。

怎麼辦？大家為了保官位，經濟部當然不可能在此時，跑出來說：「各位業者，對不起，我錯了，我們不應該好大喜功，**把你們騙來台灣後，讓你們花大筆錢做環評做到一半後頭洗了一半，才跟你們說，對不起，我們經濟部的能力，做不到這10GW的量。**」反而，經濟部是充滿自信地反過頭來指謫這些廠商說：「你們拿這麼高的費率，應該要來幫台灣做些什麼吧！」「你幫台灣做些什麼，我就不砍費率」

不過這裡遇到大問題了！台灣過去長久以來在再生能源補貼領域，就只有存在兩種制度：一種就是（不限量不限價的）躉購

費率（feedintariff）；一種就是（限量限價）競標。那怎麼樣惡搞，才可以在這兩種之間的夾縫中，創造出「第三種」新模式，而這也就是後續將談到的在2017年中之後，才創造出來的再生能源補貼怪物（限量但不限價）遴選制度。

對這一個制度，大家的印象就是，這樣不是違反國際經貿法WTO嗎？另外就是，目前《再生能源發展條例》明顯就是對國內外產製的再生能源設備的應用，一視同仁，或甚至進口的還優惠地免關稅，怎麼導入這偏好國內產製的產品呢？本文以下就一一到來。

・能源局竟比國貿局還懂國際經貿法

到底這樣貿然的國產化規定，有沒有違反國際經貿法？會不會最後反而被告，導致台灣有其他產業被受到貿易制裁呢？為此，在去年立法院諸多場次的公聽會引發相關討論。對此，經濟部能源局官員一概否認，沒有違反國際經貿法。這呈現出一種，能源局竟然比國貿局還懂WTO的詭異現象。原來在台灣要問有沒有違反WTO，不是問國貿局，而是要問能源局。原來經濟部能源局才是國際經貿法的主管與主辦機關阿！

另外一個有趣的插曲是，去年12月15日在立法院由柯志恩、王惠美等委員所辦理的離岸風電公聽會上，國貿局反而持保留的態度，不過似乎「**此時無聲勝有聲**」，不表態，反而真正表態了！

（作者自行摘錄）

· 電業登記規則，怎麼藏國產化？

　　很多人聽到國產化的議題，大概都以為是到《離岸風力發電規劃場址容量分配作業要點》才出現的討論，但實際上，在去年下半年討論國產化沸沸揚揚時，**經濟部就想要用2017年1月通過的電業法，來偷偷幹壞事。**

　　去年中華民國106年6月15日預告，號稱配合電業法配套修法的《電業登記規則》內，竟偷藏國產化因素。

　　大家想必會相當納悶，電業法怎麼藏國產化？電業法不是就是你要蓋電廠，來申請，政府審查。審查過程，難道可以說某廠商用比較多台灣製設備就發給准許？用比較少，就不准嗎？要也是在個別法律（如《再生能源發展條例》來規定吧）不過我們偉大且神奇的經濟部能源局，就是這麼妙，可以在電業登記規則的修改中，偷藏了國產化。（詳見下表）

修改前	建議修改	最終2018年1月公布版
4. 離岸式風力發電廠：飛航、雷達、軍事管制、禁限建、船舶安全、水產動植物繁殖保育區、漁業權（含定置漁業權、區劃漁業權及專用漁業權）及礦業權有關單位意見書或同意函，海底電纜路線劃定勘測許可。	4. 離岸式風力發電廠：飛航、雷達、軍事管制、禁限建、船舶安全、水產動植物繁殖保育區及礦業權有關單位意見書或同意證明文件，風力發電離岸系統設置、漁業主管機關漁業權補償、海底電纜路線劃定勘測許可同意證明文件。	4. 離岸式風力發電廠：飛航、雷達、軍事管制、禁限建、船舶安全、水產動植物繁殖保育區及礦業權有關單位意見書或同意證明文件，風力發電離岸系統設置同意證明文件、漁業主管機關（含定置漁業權、區劃漁業權及專用漁業權等補償）同意證明文件，海底電纜路線劃定勘測許可。

（https://www.moeaboe.gov.tw/ecw/populace/news/Board.
aspx?kind=3&menu_id=57&news_id=7724）

　　不過看完了上述表格，肯定還是霧煞煞？哪裡有國產化了，根本沒有提到這三個字阿？這裡明明就只有增加一個「風力發電離岸系統設置同意證明文件」而已，看起來哪裡跟國產化有關係？

不用懷疑，我們中華民國政府就是可以這麼瞎。就是用這一個文件，長出了一堆怪物，包括：《離岸風力發電規劃場址容量分配作業要點》、《經濟部工業局離岸風力發電產業關聯執行方案審查作業要點等》。

・越俎代庖，幫工業局及自己造法賦權

雖然電業法的主管機關是經濟部，但向來在業務分工上，係以能源局主事。故我們可以看到在電業登記規則（修改前）所規定的籌設許可所應提文件，向來均是透過「其他法律」授予其他部會或單位發放的文件。〔如，（二）環境影響評估證明文件，是依據環評法發給〕只是在提出籌設許可申請前，一併檢附而已。若用法律的字眼講，這些同意文件均是其他部會各自依據自己的法令所做出的行政處分；並不是因為電業登記規則，而「授權」做出行政處分。

但這次能源局卻擅自增加「風力發電離岸系統設置同意證明文件」，**造法賦予自己額外的同意權，並額外增加工業局的負擔**。說實在的，本來電業籌設許可，申請過程，就是一種「同意」的過程，而針對其他再生能源發電設施，並沒有增加這樣的「同意證明文件」（如：1.天然氣發電廠、2.水力發電廠、3.風力發電廠、5.生質能源發電廠），唯獨離岸風電有，體系上，也甚為怪異。

過去只要具備其他法規所具備的文件，搭配電業法向來所關注的財務能力與技術能力的文件後，就可以取得籌設許可。但在修改後，透過這樣的同意證明文件，賦予能源局或經濟部相關部會，高興怎麼同意就怎麼同意的至高無上權力。你無法事先知道他為何同意或不同意，反正，你就是照做就是了。而這也是行政內規，他高興怎麼改就怎麼改，怎麼定就怎麼定。

　　而這一次（你不知道下一次會怎麼樣），因為要配合國產化，所以經濟部能源局就用這一個文件，要求開發商必須協助台灣產業推動國產化。但下一次，可能大大不同！

・干預漁業署與漁業法下補償與漁權處理順序

　　也許，勉強可說，電業法不只是能源局的法，也是經濟部的法，故勉強取得納入工業局角色的正當性。但從「同意證明文件」之用語，恐怕也很難導引出就是「工業局的同意」，甚至得出「國產化的要求」的意涵，此舉恐違反「不當連結禁止」之原則也！

　　這一個經濟部的電業登記規則，也跟前一個場址要點一樣，雞婆地干預了其他部會的業務。這一次受害的苦主，就是漁業署。原本漁業署在離岸風電業務上，只需「先」搞定漁權的問題，而可以將補償的事情，放在後續處理。這也是依據漁業法相關規定，所呈現出來的樣貌。在處理邏輯上，也甚為合理。畢竟

在籌設階段，開發商還沒有開始興建，故只需先處理其場址可能觸及的「漁業權」範圍及內涵等問題，而等到確定取得籌設許可後，有比較充分的時間，處理跟漁民、漁會的補償問題。但，經濟部能源局卻在這裡，跟前述要求環保署等單位一樣，有間接要求漁業署，必須加速或更早解決「補償」的麻煩。

不過近來的發展，也顯現到漁業署發現無力將「補償」拉到此一階段處理，而只能先發有條件的同意證明。

「漁業署副署長王正芳今天表示，風電業者須先向漁業署、經濟部分別申請『籌設許可』，再跟漁會、漁民溝通取得共識，才能跟經濟部申請動工許可，並非強渡關山。

彰化區漁會總幹事陳諸讚今天指出說，他們已經接到漁業署的公文通知，指已經發給離岸風電廠商有條件同意函，裡面雖然要求廠商需取得漁會同意才能動工，不然同意函作廢；不過，站在保障漁民權益的立場，漁會還是會擔心。」https://www.cna.com.tw/news/afe/201812100212.aspx

既然此次能源局修改電業登記規則，就是要求「漁業主管機關（含定置漁業權、區劃漁業權及專用漁業權等補償）同意證明文件」內必須包含補償，才算符合行政處分的合法要件，才可以發放籌設許可。既然這是系爭行政處分的合法要件，肯定不能當作「條件」。如同筆者在另一投書的比喻：「考駕照成績不及格，但也不應准許你先有條件拿到駕照，附上條件說，若你真正

要開車上路時，必須回來補考試及格。荒謬之處，甚為明顯。而這也是目前漁業署正在做的事情，強渡關山之處，甚為明顯！」

（高銘志：離岸風電爭議，漁業署的確強渡關山，蘋果日報）

照道理，若漁業署發了這樣的不完整，或效力有爭議的「漁業主管機關同意證明文件」，未來經濟部不應認為他是符合電業登記規則上的籌設許可所需之合法文件。但目前媒體上所形成的氛圍，似乎是能源局自己好像也不管，打算違法就以這樣的文件就算，發放籌設許可給開發商。**說好的，不是要求漁業署要先解決完補償，我能源局才發籌設許可？現在怎麼又不用了？搞的我好亂，你自己定（修）的，又自己違反，不是很怪！**

擴權三部曲：以行政內規分配兆元利益的離岸風力發電規劃場址容量分配作業要點

看到這裡讀者應該已經發現到，由電業法→電業登記規則的這一個軸線，開枝散葉後，所造成的混亂現象已相當令人嘆為觀止。而加上監察院報告所糾正的容量分配要點的內容更是更上一層樓地將法規違建往上蓋。原來不只台灣人愛蓋違建而已，連政府也特愛蓋法規違建！

・中華民國史上最複雜法律違章建築

簡單的說，一般法律架構，通常是只有兩層樓。常見是先有一個法律，由於法律無法鉅細靡遺加以規範，故在條文中明確地授權，接著就是用法規命令或行政規則，來把相關事情作處理。而為了明確化這種二層樓的關係，通常在該法規命令的第一條，就會明文提到「本XX依XX法（以下簡稱本法）第XXX條規定訂定之」。大多數時候，一法規命令，僅有一法律條文的授權，這樣也比較單純。

姑且不論前述容量分配要點的定位，已經是違反「再授權原則」而長出的第四樓，已甚為怪異；甚至，罕見的，這一個四樓還是兩個不同地基（電業法、再生能源發展條例）長出來的。而且這一個要點，不是只有違章蓋到這裡而已。如，又往上蓋違章第五樓，經濟部持續地往上蓋了「行政契約」（「第一項行政契約內容，本部另行公告之。」）；工業局繼續違章蓋了相關的要點及說明（離岸風力發電產業政策及離岸風力發電產業關聯執行方案計畫書架構說明、經濟部工業局離岸風力發電產業關聯執行方案審查作業要點）

而其中更妙的是，原來在第四樓只說，工業局針對國產化報告提意見而已（「申請人承諾「中華民國一百一十年完工併聯」或「中華民國一百一十一年完工併聯」者，於中華民國一百零七年十二月三十一日前，提出具體產業關聯執行方案、佐證資

料及工業局意見函。」看起來就只是讓工業局可以提供「諮詢意見」而已，沒想到工業局好的不學，壞的拼命學，開始學能源局擴權，將諮詢性質的「意見書」，改為了審查了。（經濟部工業局離岸風力發電產業關聯執行方案審查作業要點）導致開發商苦不堪言。要歪，大家一起來歪！這樣的巨型離岸風電法規違建架構，可以呈現如下圖：

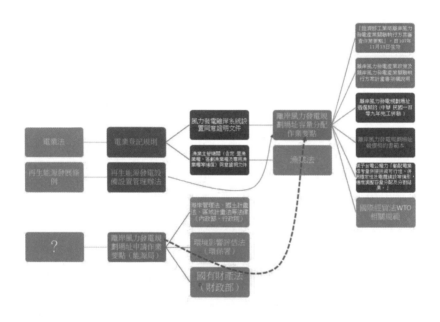

圖A1-3 離岸風力發電法規違建架構圖（筆者自繪）
【彩圖詳207頁】

在該圖中，橘色所呈現的是，法律，或相當於法律應該要遵守的國際規範（如國際經貿法）；藍色，則呈現出乃有法律授權的法規命令（深藍），以及沒有法律授權的行政規則（淺藍）；黑色，則是呈現其在行政程序法下，定位不明，或有爭議是否可產生法律效力的文件。而在上圖中，我們可以發現到「橘色」到處都是，有在第一層、第三層、第四層、第五層。甚至，場址要點，到底是什麼樣的法律生出來的？以及他跟時間順序上有緊密關係的「容量分配要點」間，到底是什麼樣的關連性？經濟部在回應監察院報告時，並未明確交代。更荒謬的是，黑色的部分，為何可以往下又長出具有外部效力的行政規則，甚至凌駕漁業法？我的體會想必也跟各位讀者一樣，兩個字：混亂！

·中華民國法制史上罕見透過行政規則，賦予台電公權力

而混亂的極致，就在於經濟部能源局竟然容量分配的行政規則（內規），賦予台電公權力（「輸配電業得考量併接技術可行性、併網穩定性及電纜鋪設等情形，適度調整容量分配及分割結果。」）。讓台電可以用輸配電容量開發趕不上開發商的風機建設為理由，推翻經濟部等行政單位在先前的所有努力。**原來除了不能將男變女、女變男之外，沒有「經濟部」辦不到的事情！**

・竟然比行政程序法有權解釋機關法務部，還懂行政程序法

這樣的法規亂象，其實就是民國八十八年所頒佈的「行政程序法」所要處理對象，特別是，容量分配要點、場址要點等沒有法律授權，卻產生外部效力的「職權命令」。行政規則原則上只能有內部效力；而有外部效力的職權命令，法律內也定了落日條款。

這樣規避行政程序法的惡行，被立法委員舉發了之後，身為行政程序法主管機關的法務部也對此加以表態，甚至變成了一個重要的行政函釋。但即便如此，經濟部能源局也是持續在真相澄清上，持續表示他對於行政程序法的見解才是對的！

主管法規查詢系統
Laws and Regulations Retrieving System

最新訊息　法規體系　綜合查詢　英譯法規　草案預告　相關網站

現在位置：行政函釋　　　　　　　　　　　　　　　　　友善列印

行政函釋

發文單位：	法務部
發文字號：	法律字第 10703505430 號
發文日期：	民國 107 年 04 月 20 日
相關法條：	行政程序法 第 92、135、150、159 條(104.12.30)
要　　旨：	法務部就有關「離岸風力發電規劃場址容量分配作業要點」是否符合行政程序法第 159 條所述之行政規則，及以「行政規則」發布，卻涉及行政部門外之規範其法律效力之說明
主　　旨：	有關經濟部 107 年 1 月 18 日經能字第 10704600230 號令發布之「離岸風力發電規劃場址容量分配作業要點」是否符合行政程序法第 159 條所述之行政規則？另以「行政規則」發布，卻涉及行政部門外之規範者，其法律效力為何等節，復如說明二至四，請查照參考。

圖A1-4 （資料來源：法務部網站）

- 兆元利益分配，竟不需經過立法院，比前瞻基礎建設特別條例
  還誇張

　　容量分配要點，涉及兆元利益的權力分配。需不需要有法律？或有法律明確授權的行政命令？只要隨便問一個大二剛學過行政法的學生，都非常清楚。更不用說，規模小很多的離岸風電示範，是透過比較明確授權的法規命令（《風力發電離岸系統示範獎勵辦法》）來分配開發利益；而兆元利益分配規模者，竟是透過行政規則為之？

　　原本涉及八千億，後改為四千多億的前瞻基礎建設計畫，都需透過立法院三讀通過的前瞻基礎建設特別條例來做，也引發去年激烈的討論。竟然涉及兆元利益，僅透過行政規則，甚至不需要送立法院備查，繞過立法院所有監督程序，全然放任行政權為之，不甚怪異？

- 中華民國憲政史上罕見砲轟監察院的奇蹟：指謫監察院報告是
  假新聞?!

　　在被監察院糾正過後，向來面對這樣的糾正案，部會的態度，均是會花上數週，審慎地研擬書面稿，向監察院說明。

　　但這一次監察院針對經濟部的離岸風電糾正案，經濟部卻是在過了一個週末之後，不到五天之內，馬上召開線上記者會，砲轟監察院之錯誤，指謫監察院的疏失。

離岸風電大騙局
蔡政府如何掏空台灣兩兆元　　　| 138

圖A1-5 參見經濟部臉書粉專：https://www.facebook.com/moea.gov.tw/videos/531534823982648/

　　而經濟部也真是好大的膽子，竟然**公開指謫監察院糾正報告是假新聞**！針對監察院的說明，是放在經濟部能源局的「真相說明網頁」，指謫監察院糾正報告是假新聞的意味，甚為明顯！

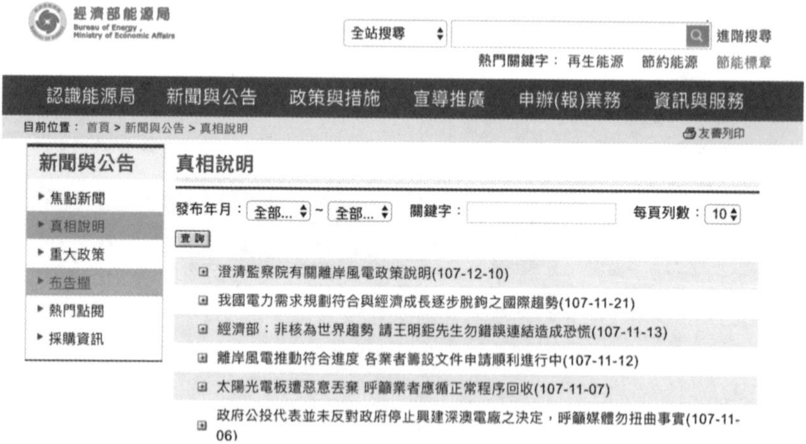

經濟部能源局
Bureau of Energy,
Ministry of Economic Affairs

全站搜尋 ▼   🔍 進階搜尋

熱門關鍵字：再生能源　節約能源　節能標章

| 認識能源局 | 新聞與公告 | 政策與措施 | 宣導推廣 | 申辦(報)業務 | 資訊與服務 |

目前位置：首頁 > 新聞與公告 > 真相說明　　　　　　　　　　　　　🖶 友善列印

新聞與公告

▶ 焦點新聞
▶ 真相說明
▶ 重大政策
▶ 布告欄
▶ 熱門點閱
▶ 採購資訊

真相說明

發布年月：[全部...▼] ~ [全部...▼]　關鍵字：[＿＿＿]　每頁列數：[10▼]
[查詢]

- ⊡ 澄清監察院有關離岸風電政策說明(107-12-10)
- ⊡ 我國電力需求規劃符合與經濟成長逐步脫鉤之國際趨勢(107-11-21)
- ⊡ 經濟部：非核為世界趨勢 請王明鉅先生勿錯誤連結造成恐慌(107-11-13)
- ⊡ 離岸風電推動符合進度 各業者籌設文件申請順利進行中(107-11-12)
- ⊡ 太陽光電板遭惡意丟棄 呼籲業者應循正常程序回收(107-11-07)
- ⊡ 政府公投代表並未反對政府停止興建深澳電廠之決定，呼籲媒體勿扭曲事實(107-11-06)

圖A1-6 （資料來源：經濟部能源局網站）

　　經濟部儼然成為凌駕於行政院、其他各部會、立法院、監察院之上之巨獸！

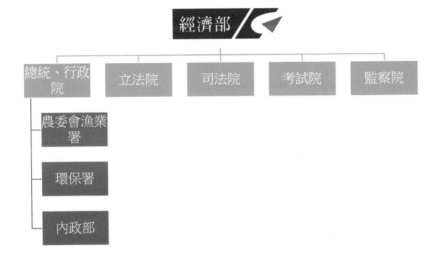

経済部

| 總統、行政院 | 立法院 | 司法院 | 考試院 | 監察院 |

- 農委會漁業署
- 環保署
- 內政部

離岸風電業務，讓全民難得看到勇於任事、甚至凌駕法律的公務員

　　台灣係一民主法治的社會，不只人民應守法，政府更應遵守依法行政的原則。而也由於法律的限制，台灣的公務員與公務體系，向來給社會大眾的印象，是有名的保守。面對新事物、新興科技，往往採取相當被動的態度，以致於往往過於流於依循舊習，而無法積極興利之感，而妨礙社會的進步與經濟的發展。

但這樣的保守心態，筆者在過去數年政府推動離岸過程，完全看不到。我們看到的是，一群致力於利用法規命令與行政規則造法、違法濫權與擴權的經濟部公務員，而將台灣的離岸風電，帶到了近期這樣接近毀滅與崩壞的局面！甚至這一群公務員，不僅凌駕於行政立法、也凌駕於司法與監察之上，甚至，凌駕於國際媒體、外國商會代表處的建議等，跟所有提出建議者開戰！

　　想必各位讀者會發現到，這樣不懂得保護自己，積極興利，甚至可以說是幾乎到了**圖利廠商**程度，也引發各媒體的關注。本文也是延續風傳媒主筆室近期發布的〈風評：不憂饞畏譏也該怕官司上身吧——談風電核准加速問題〉（https://www.storm.mg/article/697317?fbclid=IwAR0f4rRKkoLvW3TR0U1Ba1PgOW-H1CQi-gF6DkNllloGGfFJAAGL2E99j-40），總結過去幾年的離岸風電法制亂象！

離岸風電融資風險

梁敬思

曾任國泰世華銀行柬埔寨子銀行董事長、CIBC銀行總經理、
Commerz bank總經理、CAI銀行總經理、ING銀行總經理、
台灣大學及政治大學兼任教授

誰該囫圇吞下千瘡百孔的離岸風電融資？

　　本文針對〈張鼎煥觀點：銀行聯貸離岸風電開發既合情又合理——風傳媒〉對於本人專欄之評論，提供回應意見。本人甚為尊重每個人不同觀點，但既然該文來「踢舘」，針對該文內容中數項似是而非的錯誤觀點，本人有必要進一步說明，以免其以訛傳訛，造成實務上對專案融資風險的錯誤看法與評估。

1.「銀行聯貸離岸風電開發既合情又合理」。

　　說明：對附文標題本人並無異議。事實上本人擔任台灣金融研訓院106年度委託研究計畫主持人，在〈可再生能源產業發展

之投融資模式探析——主要國家離岸風電業為例〉結案報告中的第八章第二節建議第三項，已提出「國銀可與外銀採取策略聯盟模式，共同開發案專案業務」，也就是建議共組專案聯貸。

2.「……國外銀行與保險公司亦審慎評估積極投入，藉此滿足其未來承諾之現金流量。銀行仍可透過保證、信用保險、信用衍生性金融商品與金融債權證券化等風險管理技術，因應貸款本身無抵押無擔保的問題，事實上銀行對國內大部分企業放款皆屬無擔保授信。」

　　說明：上列觀點理論上看來正確，但實務運作上則沒那麼簡單。這位先生除了多年授信風險管理教學經驗且發表諸多能源政策經濟論文之外，也許還擔任過本國銀行董、監事或獨立董事（絕大多數並不懂銀行融資實務），但這樣就具備足夠條件來評論銀行融資實務嗎？

　　請問這位先生曾在本國和外國銀行實際工作過嗎？若是有，請問工作了幾年？

　　是否擔任過授信業務及風險管理主管或更高層級？

　　是否具備有從Origination、Structuring、Distribution以至Execution整套授信評估與風險管控實務經驗？

　　是否曾主持銀行授評會並作出重大授信決策？

是否具備足夠放款催收實務經驗？

　　今天所談論的是具有高度風險且相當複雜的專案融資，而離岸風電的風險比陸域風電要大上好幾倍。別忘記目前外資極力「洗腦」台灣社會的「無追索權專案融資」，本國銀行並不熟悉，本國銀行也不了解此產業，即使曾經做過專案融資（例如：慶富造船案），也是做得亂七八糟，既不專業又不合國際規範。

　　評估離岸風電的授信風險，必須從全方位角度分析，這與評估銀行熟悉的一般產業或客戶的借款截然不同，可別以為只要按照傳統方式，背熟銀行5P，多讀一些財務理論、貸款實例和產業報告，依照習用的貸款SOP，套用以往貸款架構模式、抄襲國外專案融資合約條款，再拿些打折後的擔保品就可安心放款。若只知依照書本理論、傳統聯貸慣例而缺乏足夠的國際融資實務經驗，很容易低估了離岸風電融資背後所隱藏的龐大風險。

3.「離岸風電之專案融資風險乃由第三方驗證完成專案驗證、海事工程擔保與盡職調查，事前掌握及控管風險，並搭配保險及再保險機制進行風險移轉，此外亦得藉國外出口信貸提供擔保，風險適度轉嫁，並非全由國內銀行承擔。」

說明：這段話只是理論上作法，但實際上根本不是那麼容易。例如：目前政府指定某智庫負責財務驗證，請問該機構具有足夠銀行融資經驗嗎？除了抄襲外資開發商或外銀提供的盡職調查資料，請問它懂得如何消化運用嗎？況且財務驗證又不是還本付息保證，貸款風險仍然由銀行承擔。

也許有人會說，離岸風電融資擔保不足之處可以保險及再保險機制來移轉風險，是這樣子嗎？請問保險費通通由開發商負擔嗎？難道外國保險公司對台灣、整個及單一風場沒有保險上限嗎？難道以為再保險公司什麼情況都願意保嗎？

談到國外出口信貸（ECA)擔保則更是外行人說法了，請問是否知道ECA對於個別國家、整體及單一產業也有保證上限？難道以為ECA只要風場有採購歐洲風機設備就不必考慮各專案不同風險嗎？還有，請問這位先生，您是否曾經處理過專案向國外ECA或外國輸出入銀行的申請保證／放款呢？

本人文章只談到外銀參貸行基於風險胃納及資產負債表管理的考量，絕大多數不會持有台灣風電融資15-16年，根據本人在歐美銀行逾三十年經驗，外銀配合參貸風電融資時的目的是將本土銀行「釣入」聯貸銀行團，大多數外銀在數年內會透過打包出售或以credit derivatives提前解套，由於是新台幣放款，屆時買方若非本國小銀行，就是本地保險公司為主。

4.「……單一銀行亦不致過度放款發生集中化風險。」

　　說明：這一點就別唬弄外行人了，請問您知道本國銀行在重大產業放款是否有例外排除規定？（記得台灣高鐵案或台塑六輕案嗎？）雖然主管機關都訂有詳細規定避免銀行過度集中某一產業，但是「上有政策，下有對策」，請問您知道國內銀行是如何規避此規定嗎？請問您知道本國銀行在海外不動產放款的真正比率是多少嗎？

5.「……離岸風電由民營銀行評估認為國內離岸風電開發計畫具投資效益而同意融資，公股銀行則支持政府政策共同參與，此為正常合理現象，許多政策優惠貸款不也如此？且如授信評估後認為風險偏高，銀行自會提高貸款利率或降低貸款成數有效控制風險。」

　　說明：民營與公股銀行是否為了支持政府政策而願意閉著眼睛參貸離岸風電融資，本人沒意見也無能為力。但本人認為目前離岸風電融資案的離譜貸款條款（只列出幾項，例如沒有完工保證及performance guarantee，開發商透過高槓桿舉債，將大部分建置期的工程延宕與成本超支等風險轉移至銀行團；准許開發商自由移轉股權，以致尚未開工，開發商就開始賣股）專業性有問

題，該架構並未善盡銀行　慎評估、管控風險及債權保障的責任。

　　至於認為「如授信評估後認為風險偏高，銀行自會提高貸款利率或降低貸款成數有效控制風險」，真不知道該如何評論這種外行問題了。在簽署15～16年聯貸合約後，假如借款企業未發生違約事件但整體產業風險或個別公司風險偏高時，這位先生是認為可以任意調高利率或降低貸款成數嗎？若只有少數銀行認為風險偏高，而其他銀行有不同看法時，請問這位先生要如何降低風險？

　　唯有事前作好「專業」授信評估及風險管控，才能將風險降到最低程度。

6.「最後，該文似負面提及離岸風電貸款證券化，證券化係《金融資產證券化條例》所立法明文允許銀行風險轉嫁之工具，亦能發揮鼓勵全民參與、推廣綠色能源之作用。……對願意投入開發的廠商與銀行給予正面看待。」

　　說明：聲明一下，本人不反對離岸風電專案融資，也不反對創新的證券化商品，但是對目前的無追索權專案融資架構與條款有很多保留意見，更反對將貸款架構過度寬鬆、風險未合理移轉與管控的離岸風電貸款，透過證券化將其風險扔給本土保險公司

（因為其授信評估能力遠落後銀行），以便幫助外國參貸銀行的放款「解套」。而該文中所謂的「全民參與」，足以表示主管機關與金融機構意圖將進入「營運期」的風場貸款「包裝」成金融商品賣給普羅大眾，根據目前離岸風電融資的草率架構與作法，如果不趕快改善調整，等於未來此巨大風險將有可能被轉移給外行的個別投資人，這是高度不專業又不負責任的作法，實在令人難以苟同。

「有福同享有難同當」才是解決離岸風電問題之道

看到昨天〈離岸風電專案融資開發商：銀行是真正贏家〉（中央社）報導後不禁啞然失笑，有點懷疑這些老外是否真正了解商業銀行家的想法。下為個人看法：

「與wpd有多年專案融資合作的德國……（KfWIPEX）副總經理艾克哈德（Andrew Eckhard）更指出，從違約率、債務人破產時的還款率等數據來看，專案融資表現都優於企業融資，可以說風險比企業融資還低。」

評論：並不懷疑KfW IPEX數據，但不知其中包括了多少個新興國家離岸風電案例？大家也許知道，一般企業融資在台灣的

金額通常頂多是百萬或千萬美元，但每一家離岸風場的借款就高達二十至三十億美元。根據本人於1/10/2019〈財經觀點／開發商出資？離岸風電金流真相〉的分析，外銀有極大可能性於參貸後短時間會提前出場，**大部分專案風險數年內會集中至國銀及保險公司**。因此一旦專案出問題，金額相當龐大，資產規模不大的國內金融機構將難以承受。

「歐貝合信說，其實在專案融資中，銀行才是永遠的贏家，他指出，若專案出現損失風險，需要更多資金，銀行會以更高利率放款，投資者也必須投入更多資產，因此損失大多還是由開發商承擔，並非銀行。」

評論：要想成功安排一個具龐大風險且工程技術又複雜的巨型聯貸，必須採「多方贏策略」才有成功機會，不可能有單獨那一方是永遠贏家，何況離岸風電在台灣是嶄新產業，國銀仍然相當生疏。

很懷疑這位WPD老外有多少處理新興市場專案融資違約的經驗。當年台灣高鐵在營運後數年一直虧損，最後政府是透過延長特許期限、修改會計原則、逼迫聯貸銀行數度降低利率加上銀行「被迫」增貸，才有今天的微薄利潤。原五大財團股東在高鐵成立時都信誓旦旦的承諾在未來必要時會注資，結果呢？除認購

第一次小額　資之外，它們在高鐵後來數度　資就全部退縮不見了，將爛攤子丟給國營事業及官股行庫收尾，同樣的降息與原股東無力或拒絕增資情況也在以往諸多逾放案件屢見不鮮。

這位老兄似乎也沒搞清楚開發商在台灣是以「高槓桿操作」舉借離岸風電「無追索權專案融資」，因此銀行團才是最大風險承擔者，並非開發商。一旦專案違約造成損失，風電資產的清算價值必然遠低於當時市場價值，怎麼可能是由開發商承擔大部分風險？這段話的邏輯有很大問題，與事實不符。

「艾克哈德則說，……若真有開發案面臨破產，銀行團也有權力將專案賣給其他公司營運，也會評估買家是否具有營運能力。」

評論：建議這位先生再詳讀一遍台電PPA條款，看看假若打算轉讓開發商專案權利時是否需要台電公司的同意？尤其在專案出問題時一定是兵荒馬亂，國銀本身並無足夠能力評估接手買家的營運能力和國外買主的財務健全性，甚至連借款公司負責人都可能常常找不到，更遑論要去那裡找買家了。如果硬要辯稱屆時可找顧問代找買家，請問當專案無法正常還本付息時，「顧問費」要由誰負擔？最後還不是又變成銀行團的額外成本嗎？

「至於外界質疑，前高後低的躉購費率制度，可能導致開發商前10年賺夠了就出售風場，艾克哈德認為這並不是需要擔心的問題，他指出，風機、風場發電量、供應鏈都不是開發商離開時能帶走的東西，『只是換人來營運』。」

　　評論：這等於公開表示，反正是採取無追索權貸款，開發商在前十年營運賺飽後一定會釋股出場，至於後面十年專案賺錢與否，與原始開發商不相干，屆時風電資產及額外成本就留給銀行團處理，若出大問題可能須自行找買主。至於是否賣得掉，對不起，那是銀行的問題。

　　「艾克哈德說明，前10年的高費率是為了讓專案融資更順利，多用於償還銀行借貸，並不是都落入開發商口袋。……」

　　評論：按照開發商預估，營運第一年即賺錢且每年都發放現金股利，若採用前高後低費率在前十年增加的專案利潤，只不過是創造更多機會給開發商拿走更多的現金股利，實際上留在專案的保留盈餘增加很有限。

「此外，艾克哈德指出，假設wpd真的打算在後10年將風場脫手，買家看到的也是後10年較低的費率，其實對買家來說並沒有太大誘因。」

　　評論：這段話太妙了，它似乎暗示在前高後低階梯費率的情況下，**原始開發商幾乎鐵定會釋股換手。**

　　矛盾的是他還說「後10年較低的費率，其實對買家來說並沒有太大誘因。」在後十年近乎減半費率情況下，那麼請問屆時還**有何誘因能吸引新買家入主？這也正是我們不斷質疑前高後低階梯費率只會造成原始股東「打帶跑撈錢快閃」，把爛蘋果扔給國銀的地方。**

　　最後，這篇令人嘆為觀止的報導等於在公告按照目前離譜寬鬆的專案融資架構條款及前高後低階梯費率，一旦專案公司動用貸款，國銀就準備「被套牢」，並等著原始股東在前期賺飽後說「再見」吧！

隱憂尚存問題未解，風電融資之路困難重重！

　　針對1/26/2019自由評論網《自由開講》「法巴銀及德銀相繼打臉梁敬思」指控，回應如下：

「批評離岸風電，但其實他一個離岸風電融資都沒做過，一個都沒有！」

評論：本人的確沒有做過離岸風電融資，一個都沒有！但剔除海洋風電案，請問有那一家外銀和國銀曾在台灣承做過離岸風電融資？

「他只是因為接了金融研訓院的離岸風電融資計畫主持人，收集一些資料就搖身一變成為『專家』，……所謂主持人不過只是掛名，真正做事的還是底下的研究員。」

評論：本人從未自我吹噓是「專家」，但真正「專家」是靠專業及本事贏得外界肯定，並非靠大機構頭銜。

並未否定研究人員貢獻，但本人因專案融資經驗受邀，可不是那種只掛名不做事、等著領研究費的消極計劃主持人。請去打聽一下，在台灣有幾位金融人士敢堅持己見，和委託主管機關據理力爭？還有，您認為計劃主持人在金融研訓院報告都是掛名，不需積極參與提供意見嗎？

「日前梁先生……說到：『多數外資開發商在台專案借款都打算採取「無追索權專案融資」模式，時間長，借款合約又無完工保證，開發商還可以自由出售或移轉專案股權，

將債務爛攤留給本土銀行」。在台灣，假新聞已經不是新鮮事⋯⋯」

　　評論：似乎現在任何「不中聽」的真實消息在台灣都被稱為「假新聞」！「多數外資開發商在台專案借款都打算採取『無追索權專案融資』模式」，這可是（除沃旭之外）開發商公開鼓吹的。本人論點絕非憑空杜撰，該風電案的**離譜寬鬆條款乃貸款銀行私下透露**，本人也和一些國銀高層印證過。坦白說，「若要人不知，除非己莫為」。

　　「⋯⋯歐洲銀行除了既有的評估標準外，也會評估開發商。歐洲離岸風電已發展近20年，現多採用專案融資方式進行，⋯⋯」

　　評論：本人並未質疑歐洲銀行在離岸風電的專業，**個人不反對專案融資**，但對於「無追索權」專案融資則有高度保留意見（因台灣市場成熟度及銀行專業性尚未俱全），這也是我建議國銀應透過共組聯貸銀行團去學習的原因。只是沒想到去年出爐的專案融資，風險分擔機制未清楚交代，**反將原屬開發商應承擔風險的責任轉嫁給銀行團**，由於預計外銀離岸風電融資曝險很快會透過出售或證券化移轉至本地金融機構，國銀等於是「被趕鴨子

上架」。

可能是孤陋寡聞，本人在銀行界近38年，卻從未在台灣外銀高管聽說過有Tim Hsu這號人物。既然指控本人沒有任何專案融資經驗，請問您是否知道本人過往經歷?是否知道本人主辦過那些大型融資案？是否參與過IPP第一波與第二波開放過程並擔任過開發商財務顧問？是否協助過外銀取得焚化爐開發案財務顧問？是否擔任過高雄捷運興建營運合約總召集人並積極參與談判嗎？（假如您是banker）請問在工作生涯中是否有「無逾放、無呆帳」記錄？

「專案融資針對1個專案，參與的10多家銀行都會各自的盡職調查，所以會更審慎、更在意賠錢的風險，……」

評論：說起來頭頭是道，但和開發商談判時真是如此嗎？參貸銀行私下透露，本期望外商銀行能把關，帶頭爭取將完工保證及股權轉讓限制等條款併入貸款合約，沒想到談判首先投降讓步的卻是外銀，國銀根本使不上力。由於貸款金額為187億元有11家銀行參與，基於業績壓力並顧及是政府大力支持示範案，頭已洗下去，雖不滿意也只好參貸。

閣下文中引用的外銀離岸風電專案融資報導，講得看起來都沒錯，八大風險評估都對，但並未說明這些風險如何分擔。

離岸風電大騙局
蔡政府如何掏空台灣兩兆元

本人工作生涯中逾20年歷任CIBC、Commerz bank、CAI及ING等銀行在台總經理，曾分赴北美、中國及東南亞打天下，從零開始幫外銀建立海外台商企業客戶。如果本人能力未被肯定，閣下以為現實又強調績效的外銀是吃素的嗎？

　　本人也曾在美僑商會及歐洲商會Banking Committee協助草擬Position Paper超過十多年；擔任過歐洲商會理事三年；曾在台大及政大擔任兼任教授講授「銀行業授信實務」；更從無逾放款及呆帳記錄。**在掌握放款風險及銀行歷練方面，相信絕不會比那些風電產業老外主管遜色。**

　　「由歐洲風能協會（WindEurope）2017年統計，目前全球已有44%的離岸風電新裝置容量採取『無追索權融資』的方式，……」

　　評論：您似乎有點醉了？**閣下所提供圖表顯示44%是舊風場再融資，只有大約14%才是採取「無追索權融資」的新設風場。**請了解，台灣目前離岸風電融資指的是新設風場，並非舊風場再融資。

　　該圖表也再度證明開發商及財務顧問不斷「洗腦」台灣社會、宣稱「歐洲大部分離岸風電均採取無追索權專案融資」說法，過度誇大事實。

「梁先生……曾提到『如果國外的出口信貸機構及外商銀行願意提供保證或貸款金額超過專案整體借款50%，顯示該無追索權的專案融資案具有高度可融資性，本地銀行就可以放心參與』。……怎麼1年後的文章，卻將無追索權的專案融資視為妖魔猛獸，來騙取台灣人民的納稅錢呢？」

評論：麻煩再讀一遍該研究報告p.142-144七點建議（大部分由本人提出），其中曾建議槓桿比率（Debt to Equity Ratio)不超過2:1、要求Performance guarantee及限制股權移轉，請問銀行團做到了嗎？沒想到銀行團居然連完工保證都放棄，令人難以置信。因此閣下擷取部分結論而忽略其他建議的作法，**實屬斷章取義，不夠專業。**

本人已退休，不需要趁機刷存在感或斷章取義去嘩眾取寵。這兩年有幸參與離岸風電發展過程，從授信評估觀點，發現離岸風電產業在台灣目前存在著下列隱憂或問題：

○政策缺乏穩定性，隱藏法規風險（監察院於去年12月行文糾正經濟部違法之虞）。

○主管機關規劃不週、本末倒置、邊推動邊訂規則（去年4月完成廠商遴選，遲至11月才頒佈「經濟部工業局離岸風力發電產業關聯執行方案審查作業要點」，自11月13日生效）。

○本地銀行對開發商母公司財務實力的評估及營運狀況變動的掌握能力有待加強。

○**開發商未提供完工保證**，變成銀行幫開發商承擔大部分建置期風險（例如：成本超支、工程延宕）。

○大部分技術風險變成由銀行承擔：新型離岸風機（8MW或12MW)雖可大幅降低成本，但使用時間短，存在技術風險。

○**電能產出效率（現金流入）過度樂觀**：風力測試時間太短，樣本太少，風力預估可能誇大。

○不理性抗爭或爭執**阻礙開工**：未經漁會同意，漁業署提前發出「條件式同意函」，協助開發商強行取得籌設許可，可能引發抗爭及法律問題。

○融資限制條款不嚴謹，不易確保債權：例如：**無完工保證及performanceguarantees、股權轉讓未設限、履約保證金分十年支付**。

○**銀行報酬遠低於所承受的巨大曝險**：融資期限太長、槓桿比率偏高、開發商邊蓋風場邊釋股、股權轉讓未設限、利率太低。

○風電產業（投資、保證與貸款）**曝險最終會集中於本地金融機構**。

○**潛在訴訟與弊端**：各級政府口徑不一、法規模糊缺乏合理

依據、配套措施付之闕如、資訊欠缺透明度、決策流於
「自由心證」。

〇主管機關、智庫及培訓機構缺乏專案融資與授信評估實務
經驗，一味聽信開發商及財顧片面之詞與資訊，以訛傳
訛，誤導風險認知。

最後，我們的初衷是依各人所長，把風險評估及管控經驗分
享給國銀同業，協助強化風險管理紀律、減少放款損失。本人隨
時歡迎專業討論、互相切磋，但對於無聊又不專業的指控，今後
不再回應。

離岸風電融資饑不擇食？國銀不見棺材不掉淚

工商時報5/28報導達德能源近700億元離岸風電聯貸案日前
完成籌組，確定由中信、國泰、富邦、玉山四大民營銀行，和三
井住友、德意志等外商銀行共同籌組，但八大官股行庫全部放棄
參貸。

報導指出該700億元專案融資，達德自行出資比重約22％，
另外78％由銀行聯貸支應。據了解，銀行團另外還提供180億元
循環信用貸款額度，總貸款額接近860億元，實際「負債淨值
比」可能更高。

市場傳聞本案年利率在2.4%左右，比去年海洋風電2.75%還低。該案的各國信用輸出保險保證貸款成數只有機器設備部分5至6成，顯示ECA保證占貸款總額可能不到四成，比起海洋風電187億元貸款的六成EKF保證要低得多。

據報導及同業反映，本案乃採取「無追索權」專案融資架構，融資條款大多抄襲海洋風電貸款，無完工保證、沒有performance guarantee、股權轉讓限制寬鬆（准許業者於併聯發電後3至5年移轉，未規定在融資期間業者需持有主要股權）、也未限制專案公司股本須全部到位後方得動用貸款。

・公股行庫：吃了熊心豹子膽敢抗命？

開發商這兩年不斷的「洗腦」台灣社會，謊稱離岸風電「無追索權」專案融資是歐洲離岸風電普遍使用的融資模式。過去在各論壇及座談會，開發商也刻意誤導離岸風電的建置及營運風險應由銀行團（而非開發商）來承擔，在眾多利益團體（律師、會計師、外銀、智庫、媒體、⋯⋯）簇擁唱和下，開發商的陽謀果然如願得逞。加上在政策支持下，主管機關三令五申的要求公股行庫支持，蘇揆甚至在5/23下令公股銀行帶頭挺離岸風電，照理說公股行庫一定會積極參與，但為何它們膽敢放棄參貸呢？

坦白說，本案不論是貸款成數、業者母公司財力或長期承諾，都令人高度質疑，利率也低得不像話，更甭談融資條件、現

金流及PPA仍存在著許多不確定性及高風險。在經歷慶富造船案及新加坡Hyflyx倒帳教訓後，說句公道話，公股行庫在本案放棄參貸合乎審慎放款原則，也謹守融資紀律，不應被視為過度保守。

・外銀：掛羊頭賣狗肉引君入甕

　　外銀在離岸風電融資有多年經驗，在風險管控、授信評估及貸後管理比國銀嚴格，但在風險控管技巧比國銀有較大彈性。只要交易對手有相當風險胃納、市場與資產（放款）具足夠流動性（例：在初級市場可找到銀行接手，在次級市場可出售或找到riskparticipation，或透過證券化商品減少曝險），外銀在承銷或包銷聯貸案時就會非常大膽，即使利率不高也會全力搶標。由於外銀一向靈活管理其資產與負債，預計頂多二至三年就會出脫該低利率放款以減少曝險，所以當外銀信誓旦旦的說絕不會出售台灣的離岸風電放款，大家聽聽就好，別太認真。

　　基於與開發商多年合作關係，外銀通常會配合業者要求放款（目的在「誘導」國銀參貸），至於其內部風險顧慮則可能與業者另外安排避險方式克服，外銀全力配合業者的回報是獲得比其它參貸行更優渥條件（例：財務顧問費、融資安排費、利潤高的避險交易、其他專案貸款的優先主辦權）。在競爭激烈的市況下，重賞之下必有勇夫，一向功利主義導向的外銀難免經常會為

業績及個人紅利，誇大眼前商機而淡化潛在風險，過去某日系投銀在大陸索力鞋業（六家國銀與野村證券共放款美元6千萬）及福斯特紡織（8家國銀放款約新台幣18億元）倒帳案中所扮演的角色，就是貪婪與不專業的最佳例證。

·大型民營銀行：衝衝衝蝦米攏不驚！

離岸風電在台灣是個嶄新產業，風險龐大，4家民營銀行即使參貸了去年七拼八湊的示範性海洋風電融資案，對此產業的授信評估及風險管理能力仍嚴重不足。本人在5/24蘋果日報〈銀行「國內一條龍國外毛毛蟲」〉文中指出國銀的主要問題，不論在專業人才、產品開發、產業知識、授信評估、風險管理、內稽內控及法律遵循等方面，國銀都比外銀差上一大截。老實說，國銀除了殺價手段，根本缺乏國際競爭力。

大型民營銀行在達德融資案的積極參與情況，固然係其本身放款決策，但再度反映了下列現象：

★海外競爭力不足，只好爭取承作久未見到的國內大型聯貸案。

★搶當新業務領頭羊，卻忽略了專業與授信基本紀律。

★閒置資金太多，急於尋求新出路。

★大陸放款業務受限，轉而尋求新業務填補空間。

★過於相信開發商夢幻數據及誇張說法，低估了產業巨大風險。

★迷信外銀及開發商片面說詞，卻又自視甚高，聽不進善意建言。

★缺乏人才，只知抄襲開發商及外銀提供的範例，未能獨立判斷授信風險。

★輕忽動盪莫測的市場風險，低估聯貸placement艱難度。

★競爭激烈，只能無奈接受開發商要求的低利率，不符「風險與報酬成正比」定律。

★缺乏專業及談判能力，融資條件任由開發商開價、予取予求。

結語

根據11/30/2018經濟日報報導，中信銀、玉山和六家國銀在同屬無追索權專案融資的新加坡海水淡化廠凱發集團（Hyflux)案踩雷，放款金額高達美元9,400萬，昂貴教訓記憶猶新，不知為何如此健忘？

銀行為社會公器，有一定的社會責任。在此呼籲國銀高層與大股東秉持專業作好監督管理，多做點功課，慎選客戶，堅持立場、「有所為有所不為」。切忌為眼前利益草率放款，以免造成龐大呆帳，糟蹋納稅人的錢。

附錄3

監察院糾正案文

被糾正機關：經濟部

案由：

　　經濟部為實踐蔡總統綠色能源政策，傾力推動離岸風電發展，公布107年躉購費率每度5.8498元（固定20年），雖具引資效果，惟未精準掌握近年風機大型化、施工技術成熟造成之電力平準化成本（LCOE）下降趨勢，復加規劃場址裝置容量5.5GW中，多數（69.7%，3.836GW）採遴選、少數（30.3%，1.664GW）採競價，且競價價格每度僅約2.5元，低於前述躉購費率約3.3元（實際價差，視購售電合約簽訂年度而定），大幅增加躉購期間（20年）之購電支出；另經濟部於107年1月18日依職權訂定並發布之「離岸風力發電規劃場址容量分配作業要點」之屬性，該部認定係行政規則，依「行政程序法」第159條第1項規定，行政規則僅能規範機關「內部」秩序及運作而非直接對外發生法規範效力之事項，惟該作業要點內容涉及投標廠商之權利義務與行政機關公權力之行使而對外發生法規範效力，不僅與行政規則之法定定義有悖，且離岸風電之建置發展及後續購電需投入數千億以上之經費，影響國家財政及全體納稅人權益甚鉅，屬

「公共利益之重大事項」，按司法院釋字第443號及第753號解釋意旨，仍應有「法律或法律具體明確授權之命令」為依據，否則有違反法律保留原則之適法性疑義等情，確有違失，爰依法提案糾正。

事實與理由：

本件「我國風力發電執行現況及原子能委員會核能研究所辦理「風能系統工程技術開發與研究計畫」之技術創新績效，間有未達預計目標值等情案。」首於107年2月12日履勘行政院原子能委員會，瞭解其風機相關計畫執行情形，因該所表示曾以150KW水平軸風機之設計評估與製造技術，協助中國鋼鐵股份有限公司（下稱中鋼公司）風能團隊建立基礎技術，而中鋼公司又為政府推動離岸風電產業鏈在地化之要角，爰一併瞭解經濟部推動離岸風電情形，調閱經濟部能源局（下稱能源局）、經濟部工業局（下稱工業局）、台灣電力股份有限公司（下稱台電公司）、審計部、法務部、行政院公共工程委員會（下稱工程會）等機關卷證，並先後履勘台電公司彰濱工業區、台灣國際造船股份有限公司（下稱台船公司）、中國鋼鐵股份有限公司〔下稱中鋼公司，同時間亦請財團法人金屬工業研究發展中心（下稱金屬中心）簡報說明〕、上緯國際投資控股股份有限公司（下稱上緯公司）及達德公司、興達港、臺中港及臺北港，並聽取能源局簡報。期間，適逢立法院中國國民黨黨團就離岸風力遴選、競價、遴選委

員部分公布等情向本院陳情，經值日委員批示併案，全案於詢問經濟部後，業已調查竣事，確有違失，應予糾正促其注意改善。茲臚列事實與理由如下：

　　經濟部為實踐蔡總統綠色能源政策，傾力推動離岸風電發展，公布107年躉購費率每度5.8498元（固定20年），雖具引資效果，惟未精準掌握近年風機大型化、施工技術成熟造成之電力平準化成本（LCOE）下降趨勢，復加規劃場址裝置容量5.5GW中，多數（69.7%，3.836GW）採遴選、少數（30.3%，1.664GW）採競價，且競價價格每度僅約2.5元，低於前述躉購費率約3.3元（實際價差，視購售電合約簽訂年度而定），大幅增加躉購期間（20年）之購電支出，顯有違失。

　　查潛力場址劃設：西部海域水深0～50公尺，且不超過12浬範圍領海（排除保護、禁限建、規劃或開發中範圍），共劃設36處潛力場址，潛能共約23GW（如圖1）。經濟部能源局於104年7月2日公告「離岸風力發電規劃場址申請作業要點」，公開36處潛力場址基本資料與既有海域資料，總開發潛能概估約可達23GW，有意投入離岸風電之業者得自行開發。潛力場址的劃設，係排除相關法規及敏感地區，為專業機構之「初步研究成果」，不等同於風場設置具有「技術上」之可行性，亦不代表相關「法規與行政」上之障礙已全數排除，業者仍應考量風場土質、地質、地形、風能等條件，業者自行評估「技術上」與「財

潛力場址範圍資料

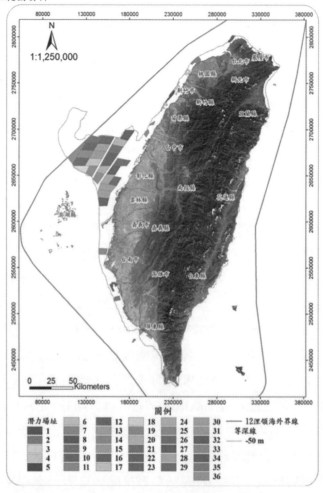

離岸風電潛力場址範圍（資料來源：經濟部能源局）

務上」之可行性。

　依「離岸風力發電規劃場址申請作業要點」第12點規定，業者須於106年12月31日前取得環保主管機關環境影響評估審查委員會專案小組初審會議建議通過或有條件通過環境影響評估之審查結論，並於108年12月31日前取得籌備創設登記備案，否則備查及備查同意函即失其效力。截至106年底，共24案取得能源局審查，20案通過環評大會審查，扣除2案場址重疊，共有18案可參與下一階段容量分配，規劃容量約10GW。其中，5.5GW規劃於2025年前達成設置目標並以遴選機制分配3.5GW，以競價機制分配2GW，估計2025年離岸型風力發電的當年度躉購電量約203.5億度。經濟部為有效達成離岸風電目標及期程，於107年1月18日以經能字第10704600230號令訂定發布「離岸風力發電規劃場址容量分配作業要點」，規定遴選作業程序（第二章）、競價作業程序（第三章）及簽訂行政契約（第四章）。能源局依該作業要點組成遴選委員會，於107年4月20日、27~28日召開審查會議，分別針對109、110~114目標商轉年審查申請人之技術能力

1　107年11月24日併同九合一選舉針對「以核養綠」公投過關後，執政團隊對2025年達成「非核家園」之時程似已鬆口；經濟部長亦首次肯認若無其他能源之搭配，臺灣勢將面臨缺電挑戰。事實上，107年12月6日召開的行政院會中已正式通過廢除《電業法》第95條第1項有關以2025年作為「非核家園」之期限。

（60%，建造能力25%、工程設計20%、運轉與維護規劃15%）及財務能力（40%，財務健全性30%，國內金融機構關聯性10%）。遴選結果如表1，計有德商達德（WPD）、丹麥商沃旭、哥本哈根基礎建設基金（CIP）、中鋼、台電、加拿大北陸及上緯等7家10個風場獲選，分配總裝置容量3.836GW。其中，109年併網部分（738MW），由上緯（海能378MW）、達德（允能360MW）獲得，無國產化義務，可能於107年度內即可與台電公司簽訂購售電契約，適用20年躉購費率5.8498元/度；110年至114年配額3,098MW，則有達德（698MW[2]）、沃旭（900MW）、丹麥哥本哈根基礎建設基金（CIP,600MW）、中鋼（300MW）、台電（300MW）、北陸（海龍2號，300MW）出線，需承擔國產化義務，適用之躉購費率，則視購售電合約簽訂年度而定[3]。

2　麗威350MW、允能348MW，合計698MW。
3　截至107年12月5日止，計有達德，沃旭及CIP等3家廠商已依經濟部能源局規定遞件，惟據經濟部表示均需補件，故可否於107年底前正式簽約似仍難確定。

離岸風電規劃場址開發風場預計完工併網年度一覽表

分配機制	預計完工併網年度	申請案（籌備處名稱）	開發商	獲配容量（MW）
遴選	109	海能	上緯、麥格理	378
		允能	達德·(WPD)	360
	110	麗威	達德·(WPD)	350
		大彰化東南	沃旭·(Ørsted)	605.2
		允能	達德·(WPD)	348
		大彰化西南	沃旭·(Ørsted)	294.8
		彰芳	CIP	100
	112	彰芳	CIP	452
	113	中能	中鋼	300
		西島	CIP	48
		台電	台電	300
		海龍二號	NPI、玉山	300
競價	114	海龍二號	NPI、玉山	232
		海龍三號	NPI、玉山	512
		大彰化西南	沃旭·(Ørsted)	337.1
		大彰化西北	沃旭·(Ørsted)	582.9

（資料來源：經濟部能源局107年9月20日到院說明「我國風力發電執行現況」會後補充資料）

再查國外離岸風電之裝置成本、價格趨勢，如下：

依美再生能源實驗室（NREL）2017年3月報告第17頁，歐洲離岸風電STRIKEPRICE[4]下降趨勢如圖2。其中丹麥KriegersFlak風場躉購價格為每百萬瓦小時49.9歐元[5]（圖3），以1：35換算，相當於每度新臺幣1.75元。

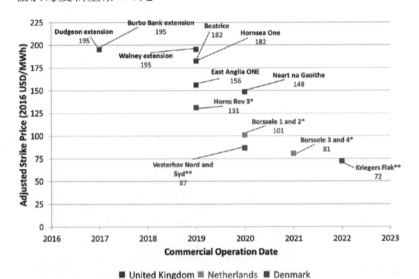

離岸風電期初設置成本及LCOE趨勢

資料來源：RecentstrikepricesofEuropeanoffshorewindwinningtendersadjustedtoU.S.dollars,withgridcost,developmentcost,andcontractlengthadders

---

4　詳請參閱NREL/TP-6A20-67675 MARCH 2017，網址：https://www.nrel.gov/docs/fy17osti/67675.pdf
5　詳請參閱4C Offshore，網址：https://www.4coffshore.com/windfarms/kriegersflak-denmark-dk37.html。

Developers/Owners/Operators		Database in Excel	Add your Organisation
Role	Organisation	
Developer	Vattenfall Vindkraft Kriegers Flak P/S *Client: Login* Vattenfall created subsidiary Vattenfall Vindkraft Kriegers Flak P/S to develop the project.	
Owner	Vattenfall AB Vattenfall won the project with a bid of €49.9/MWh. Vattenfall's investment in Kriegers Flak will be EUR 1.1 – 1.3 billion, pending a final investment decision.	

Project Details for Kriegers Flak

General Information	Name	Kriegers Flak
	Other names	Kriegers Flak K2-K3
	Country name	Denmark
	Region	Møn

丹麥KriegersFlak風場價格

離岸風電電力平準化成本（LCOE）趨勢，如圖4。

Figure 2.13 Global levelised cost of electricity and auction price trends for offshore wind and CSP from project and auction data, 2010-2020

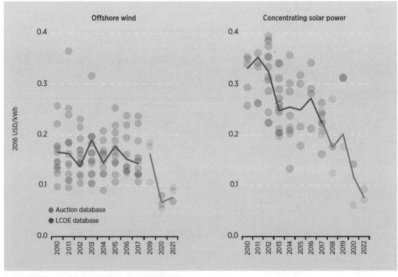

Source: IRENA Renewable Cost Database and Auctions Database.

離岸風電電力平準化成本（LCOE）趨勢
資料來源：國際再生能源機構（IRENA），RenewablePowerGenerationcost-sin2017，第52頁。

全球離岸風電電力平準化成本（LCOE）趨勢（LOG-LOG對數圖），如圖5。顯示不論集中式太陽光電（CSP，ConcentratingSolarPower）、太陽能光伏（PV，Photovoltaic）、陸域風電、離岸風電之LCOE均呈遞減趨勢。

Figure 2.14 Global weighted average CSP, solar PV, onshore and offshore wind project LCOE data to 2017 and auction price data to 2020, 2010-2020

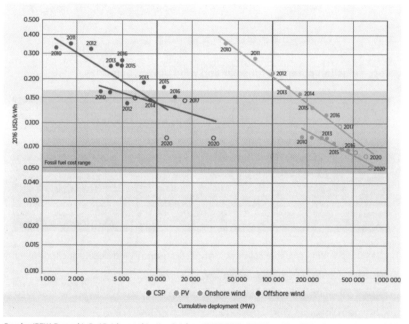

Based on IRENA Renewable Cost Database and Auctions Database; GWEC (2017), MAKE Consulting (2017a), SolarPower Europe (2017), and WindEurope (2017).

全球離岸風電電力平準化成本（LCOE）趨勢

資料來源：IRENA，RenewablePowerGenerationcostsin2017，第53頁。

依國際再生能源協會2016年6月The Power to Change: Solar and Wind Cost Reduction Potential to 2025（編號ISBN：978-92-95111-97-4），預估2025年離岸風電之LCOE如表2，將較2015年減少35%。其中，離岸風電每瓩投資成本將由2015年4,650美元降至2025年的3,950美元，經濟部以每瓩投資成本175,000元設算107年躉購費率似非合理。

2015-2025太陽能與風能發電全球加權平均數據

Cost reduction potential for solar and wind power, 2015-2025

	Global weighted average data								
	Investment costs (2015 USD/kW)		Percent change	Capacity factor		Percent change[2]	LCOE (2015 USD/kWh)		Percent change
	2015	2025		2015	2025		2015	2025	
Solar PV	1 810	790	-57%	18%	19%	8%	0.13	0.06	-59%
CSP (PTC: parabolic trough collector)	5 550	3 700	-33%	41%	45%	8.4%	0.15 -0.19	0.09 -0.12	-37%
CSP (ST: solar tower)	5 700	3 600	-37%	46%	49%	7.6%	0.15 -0.19	0.08 -0.11	-43%
Onshore wind	1 560	1 370	-12%	27%	30%	11%	0.07	0.05	-26%
Offshore wind	4 650	3 950	-15%	43%	45%	4%	0.18	0.12	-35%

資料來源：IRENA，ThePowertoChange:SolarandWindCostReductionPotenti alto2025June2016，ISBN:978-92-95111-97-4
詳請參閱：http://www.irena.org/publications/2016/Jun/The-Power-to-Change-Solar-and-Wind-Cost-Reduction-Potential-to-2025

離岸風電期初設置成本（Totalinstalledcost）下降，容量因數[6]上升，導致LCOE（Levelizedcostofelectricity）呈下降趨勢，如圖6。

Figure 2.10 Global weighted average total installed costs, capacity factors and LCOE for offshore wind, 2010-2017

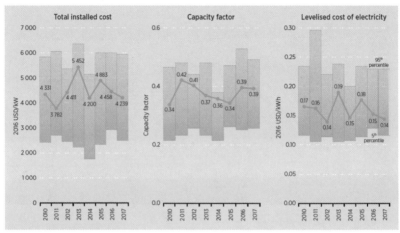

Source: IRENA Renewable Cost Database.

離岸風電期初設置成本及LCOE趨勢

資料來源：IRENA，RenewablePowerGenerationcostsin2017，第47頁。

---

6 容量因數(Capacity Factor)，等於〔(年總淨發電量)/(額定容量 × 8760)〕× 100%。

各國平準化躉購費率如圖7，其中臺灣躉購費率最高。

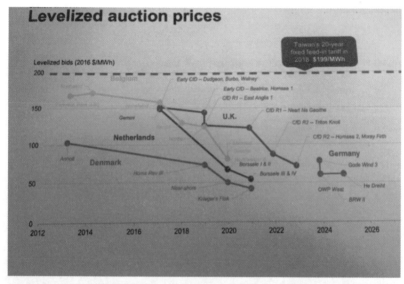

圖中最上方紅色虛線為台灣簽約20年之FIT固定費率：每百萬瓦小時199美元。1度是1000瓦小時，百萬瓦小時是1000度電，表示每度電0.199美元，5.8元台幣。（取自BNEF）

各國平準化躉購費率
資料來源：BloombergNewEnergyFinance（BNEF）

　　惟查國外離岸風電LCOE價格下降趨勢明顯，尤其近年風機大型化、施工技術成熟，價格下降趨勢更加明顯，然觀諸經濟部公布99～107年選擇適用固定20年躉購費率，依序為每度4.1985、5.5626、5.5626、5.5626、5.6076、5.7405、5.7405、6.0437、5.8498元，似未反映國際LCOE價格變化趨勢。特別是107年1月8日仍

公布107年度躉購費率為5.8498元/度，以吸引開發商投入離岸風電，期能達成蔡總統綠能政策目標，提高114年再生能源占比至20%，因此依「離岸風力發電規劃場址容量分配作業要點」辦理規劃場址容量分配作業，採「先遴選、後競價」策略，107年4月30日公布第一階段遴選結果，計有達德、沃旭、哥本哈根基礎建設基金、中鋼、台電、北陸電力及上緯公司等7家開發商獲核配容量3.836GW，占5.5GW裝置容量之69.7%，倘其均於107年度與經濟部簽約，並選擇適用固定20年躉購費率，則未來台電將以每度5.8498元向其購電；然107年6月22日公布第二階段114年完工併聯競價結果，裝置容量1.664GW（30.3%），海龍團隊及沃旭以每度2.2245至2.5481元得標，與遴選兩階段的價格相差3.3元/度以上[7]。以114年裝置容量5.5GW躉購電量約203.5億度[8]計算，倘獲選申請人於107年度均與台電公司簽訂購售電合約，兩階段的價差，讓遴選裝置容量（3.836GW）每年多支出達468億元，20年合約期間，累計損失9,361億元（倘購售電合約簽約年度為108年，依107年11月公布每度5.1060元，則減為7,260億元）。再者，經濟部能源局107年5月1日簡報107年度離岸風電躉購費率

---

7 該次競價，計有7家廠商參與，競價價格每度2.2245~4.6307元間。其中，第一階段未獲遴選之最低競價價格每度約3元。

8 能源局107年5月1日簡報。

計算參數及費率試算結果如表3。倘依107年度年售電量3,600元/瓩、躉購費率5.8498元/度（選擇適用固定20年躉購費率）計算，則躉購期間（20年）每瓩售電收入421,186元，竟為期初設置成本175,000元/瓩之2.4倍。況詢據該局107年8月6日證述：「用5.8元計算，回收年限是10.25年，回收之後就是純賺的，反而不會放棄。」等語，均說明離岸風電107年躉購費率5.8498元/度[9]確屬偏高，獲選開發商潛在利益可觀。

107年度離岸風電躉購費率計算參數

期初設置成本 （元/瓩）	運維比例 （%）	年售電量 （度/瓩）	平均資金成本率 （%）
175,000	3.28	3,600	6.05
說明：參採海關資料推估之成本與國外平均成本，計算平均後考量國際成本降幅，並加計漁業補償成本1,407元/瓩及除役成本4,000元/瓩後，期初設置成本為17.50萬元/瓩。	說明：蒐集近3年國外年運轉維護費資料，剔除上下極端值後，計算年運轉維護費平均為5,735元/瓩，占期初設置成本之比例為3.28%。	說明：參採台電澎湖風場新建工程的保證年總發電量與台澎湖風場91~105年的平均年發電量估計平均	說明：外借資金比例係根據國內外報告之典型案例，採70%；無風險利率採十年期政府公債殖利率近3年平均數值；α風險及β風險參考國外報告及國內銀行回函資料。

資料來源：經濟部能源局，我國風力發電推動現況簡報，第16頁，107年5月1日。

9　經濟部於107年11月底公布之躉購費率，已由先前的每度5.8498元降至每度5.1元，降幅達12%，致部分開發商已出現雜音，如海龍即揚言將重新考量投資意向，此外達德亦不滿地表示此一新價格將衝擊銀行聯貸與相關成本之估算。

綜上，經濟部為實踐蔡總統綠色能源政策，傾力推動離岸風電，公布107年躉購費率每度5.8498元（固定20年），雖具引資效果，惟未精準掌握近年風機大型化、施工技術成熟造成之電力平準化成本（LCOE）下降趨勢，復加規劃場址裝置容量5.5GW中，多數（69.7%，3.836GW）採遴選、少數（30.3%，1.664GW）採競價，且競價價格每度僅約2.5元，低於前述躉購費率約3.3元（實際價差，視購售電合約簽訂年度而定），大幅增加躉購期間（20年）之購電支出，顯有違失。

　　經濟部於107年1月18日依職權訂定並發布之「離岸風力發電規劃場址容量分配作業要點」之屬性，該部認定係行政規則，依「行政程序法」第159條第1項規定，行政規則僅能規範機關「內部」秩序及運作而非直接對外發生法規範效力之事項，惟該作業要點內容涉及投標廠商之權利義務與行政機關公權力之行使而對外發生法規範效力，不僅與行政規則之法定定義有悖，且離岸風電之建置發展及後續購電需投入數千億以上之經費，影響國家財政及全體納稅人權益甚鉅，屬「公共利益之重大事項」，按司法院釋字第443號及第753號解釋意旨，仍應有「法律或法律具體明確授權之命令」為依據，否則有違反法律保留原則之適法性疑義。

「離岸風力發電規劃場址容量分配作業要點」之屬性，經濟部認定係「行政程序法」所稱之行政規則，僅能規範機關「內部」秩序及運作而非直接對外發生法規範效力之事項：

　　據法務部107年4月20日法律字第10703505430號書函：

　　按「行政程序法」第150條第1項所稱「法規命令」，須具備「行政機關基於法律授權訂定」及「對多數不特定人民就一般事項所作抽象之對外發生法律效果之規定」二項要件，如僅符合上開二項要件之一者，則不屬之。次按同法第159條所稱「行政規則」，係指上級機關對下級機關，或長官對屬官，依其權限或職權為『規範機關內部秩序及運作，所為非直接對外發生法規範效力』之一般、抽象之規定；其又可分為二類，第一類為「關於機關內部之組織、事務之分配、業務處理方式、人事管理等一般性規定」（例如：關於行政機關內部之分層、事務之分配、文件之處理方式、作業方法、業務流程、辦理期限、加班、出差等規定）；第二類為「為協助下級機關或屬官統一解釋法令、認定事實及行使裁量權，而訂頒之解釋性規定及裁量基準」（例如為闡明法律或其他法規涵義之解釋、規定行政機關如何行使裁量權之裁量基準等）。

　　上開作業要點第1點明定其訂定目的係為執行「再生能源發展條例」第4條及第9條、「再生能源發電設備設置管理辦法」第5條及「電業法」第24條規定，該作業要點非依「電業法」或

「再生能源發展條例」授權訂定，非屬「行政程序法」所稱法規命令。至於作業要點第2章規定遴選作業程序、第3章規定競價作業程序、第4章規定簽訂行政契約及第5章規定備取作業，其規範內容涉及高度專業性之特殊領域，是否屬於以「行政規則」規範之事項，宜由該作業要點主管機關就其內容逐點、逐項判斷。

據法務部107年9月12日法律字第10703513660號書函：

有關經濟部得否以行政規則規範離岸風力發電「容量分配」、創設遴選委員會及其分配程序、賦予國營公司調整變更行政處分之效力，以及申請人依「電業法」、「電業登記規則」應取得之證明文件，係透過作業要點取得，是否有違反禁止空白授權、法律明確性、再授權禁止原則等問題，宜由該作業要點主管機關本於職權判斷。

至於該作業要點之性質係屬行政規則或職權命令，已由經濟部107年3月21日經授能字第10700093630號函說明在案。

法務部函（107年8月21日法律字第10703512500號）復本院亦重申：「上開作業要點所定遴選作業程序、競價作業程序、簽訂行政契約等事項，其規範內容涉及高度專業性之特殊領域，又其執行『再生能源發展條例』第4條及第9條、『再生能源發電設備設置管理辦法』第5條及『電業法』第24條之規範內容為何，因涉及『再生能源發展條例』、『再生能源發電設備設置管 辦法』及『電業法』之適用，宜由上開法規主管機關就其內容逐

點、逐項審酌判斷是否屬於得以『行政規則』規範之事項。」

經濟部[10]亦認為係行政規則：

經濟部107年3月21日經授能字第10700093960號函：「為配合基礎設施建置時程及管理電業設置成立，經濟部依『再生能源發展條例』及『電業法』規定，為釐清推廣目標量之訂定、分配方式及『風力發電離岸系統設置同意證明文件』取得等細節性、程序性之行政事項訂定『行政規則』。」

經濟部能源局林局長於107年8月6日本院詢問時表示：「從法令端，有『電業法』和『再生能源發展條例』，都有授權法規命令，接下來還有細節的部分，我們就用對外的『行政規則』來規範，這個部分不是只用行政規則而已。」

該作業要點內容涉及投標廠商之權利義務與行政機關公權力之行使而對外發生法規範效力，不僅與行政規則之法定定義有悖，且離岸風電之建置發展及後續購電需投入數千億以上之經費，影響國家財政及全體納稅人權益，屬「公共利益之重大事項」，按司法院釋字第443號及第753號解釋意旨，仍應有「法律或法律具體明確授權之命令」為依據，否則有違反法律保留原則之適法性疑義：

---

10 本案107年8月6日約詢經濟部時，除部長與能源和工業兩局長外，經濟部法規會亦派有出席代表。

與行政規則之法定定義不符：

依「行政程序法」第159條第1項規定，行政規則僅能規範機關「內部」秩序及運作而非直接對外發生法規範效力之事項。

經查該作業要點第2章規定遴選作業程序（第6點至第19點）、第3章規定競價作業程序（第20點至第26點）、第4章規定簽訂行政契約（第27點至第29點）及第5章規定備取作業（第30點），核其內容已涉及投標廠商之權利義務與行政機關公權力之行使（例如法務部107年4月20日法律字第10703505430號書函指出：「依上開作業要點第19點第1項規定，經濟部應公告序位、容量分配結果與容量分配後之剩餘併網容量，通知獲選申請人規劃完工併聯年度、分配容量及併接點位，獲選申請人於一定期限內簽訂行政契約；第26點第4項規定競價程序準用第19點規定；及第27點第1項規定，獲選申請人應於經濟部指定期限內檢附第19點、第26點獲選容量分配通知書及履約保證金，參與遴選作業程序之獲選申請人並應提出依遴選委員意見修正後經經濟部同意之離岸風力發電規劃場址遴選計畫書，向經濟部申請簽訂行政契約。可知經濟部應通知申請人容量分配結果，申請人始得據以辦理後續簽訂行政契約及申請籌設事宜，故上開『容量分配通知書』具有一定對外之法律效果，應屬經濟部所為之行政處分」），性質上屬於直接對外發生法規範效力之事項。準此，顯與上開行政規則僅能規範機關內部事項之法定定義不符。

離岸風電之建置發展及後續購電需投入數千億以上之經費，影響國家財政及全體納稅人權益甚鉅，屬「公共利益之重大事項」，按司法院釋字第443號及第753號解釋意旨，仍應有「法律或法律具體明確授權之命令」為依據：

「中央法規標準法」第5條規定：「左列事項應以法律定之：一、憲法或法律有明文規定，應以法律定之者。二、關於人民之權利、義務者。三、關於國家各機關之組織者。四、『其他重要事項』之應以法律定之者。」稱為「法律保留原則」。

司法院有關法律保留原則之解釋：

釋字第443號解釋理由書：「……涉及人民其他自由權利之限制者，亦應由法律加以規定，如以法律授權主管機關發布命令為補充規定時，其授權應符合『具體明確』之原則；……又關於給付行政措施，其受法律規範之密度，自較限制人民權益者寬鬆，倘涉及『公共利益之重大事項』者，應有『法律或法律授權之命令』為依據之必要，乃屬當然。」

釋字第753號解釋：「……全民健保特約內容涉及全民健保制度能否健全運作者，攸關國家能否提供完善之醫療服務，以增進全體國民健康，事涉憲法對全民生存權與健康權之保障，屬『公共利益之重大事項』，仍應有『法律或法律具體明確授權之命令』為依據。」

由於離岸風電之建置發展及後續購電需投入數千億以上之經

費，影響國家財政及全體納稅人權益甚鉅，自屬「公共利益之重大事項」，參酌上開司法院解釋意旨，仍應有「法律或法律具體明確授權之命令」為依據較為妥適，否則恐有違反法律保留原則之適法性疑義。

另學界亦有質疑該作業要點效力及建議提升法律位階之觀點：

國立清華大學科技法律研究所副教授高銘志於「違法違憲的臺灣離岸風電發展法制規劃」文[11]中亦指出：採取「作業要點」的形式本身，就呈現出經濟部法制作業的重大疏失。行政規則僅能處理自己機關內部，或者與其他政府機構間的互動關係，而且這些關係是不能涉及其他有「外部」法律關係的變動。依據「中央法規標準法」第5條規定，應以法律定之或應以經法律明確授權之法規命令為之。但顯然從作業要點第1點觀之，此非一法規命令。此種欠缺法律授權的行政命令，在88年「行政程序法」通過後，第174條之1規定給予其自施行（90年）起2年改善期間，但並不允許行政機關於2年改善期後，把應以「法規命令」形式制定之事項，遁入行政規則為之。而且也非單純有法律授權即可，依據司法院相關解釋，該法律也必須明確的表明授權的「內容」、「目的」與「範圍」。遺憾的是，行政部門或為爭取時

---

11 詳請參閱https://www.storm.mg/article/405537。

效，或為了規避立法院或利害關係人的監督，而有意、無意地將應有法律明確授權方可訂定且行政程序較為透明公開的遴選競標之「法規命令」，遁入行政規則當中。

第二期國家型能源科技計畫（NationalEnergyProgram-PhaseII，NEP-II）能源政策之橋接與溝通細部計畫團隊，於107年1月24日與清華大學科技法律研究所、東吳大學法律系、月旦法學雜誌等合作，在東吳大學城中校區召開「離岸風電發展法制爭議問題專家座談會」[12]，討論焦點之一為離岸風電遴選法律授權依據。具體建議為「離岸風電規劃場址容量分配，可考慮提升其法律位階」：經濟部目前提出的法源為「再生能源發展條例」第4條與第9條、「再生能源發電設備設置管理辦法」第5條、「電業法」第24條，需釐清是否有「以行政規則替代法規命令之疑慮」。建議或可考慮修正「再生能源發電設備設置管理辦法」，納入離岸風電規劃場址容量分配機制。

綜上，「離岸風力發電規劃場址容量分配作業要點」係行政規則，僅能規範機關「內部」秩序及運作而非直接對外發生法規範效力之事項，惟其內容涉及投標廠商之權利義務與行政機關公權力之行使而對外發生法規範效力，不僅與行政規則之法定定義有悖，且離岸風電之建置發展及後續購電需投入數千億以上之經

---

12 詳請參閱https://www.re.org.tw/news/more.aspx?cid=219&id=1224。

費，影響國家財政及全體納稅人權益甚鉅，屬「公共利益之重大事項」，按司法院釋字第443號及第753號解釋意旨，仍應有「法律或法律具體明確授權之命令」為依據，否則明顯有違反法律保留原則之適法性疑義。

據上論結，經濟部為實踐蔡總統綠色能源政策，傾力推動離岸風電發展，公布107年躉購費率每度5.8498元（固定20年），雖具引資效果，惟未精準掌握近年風機大型化、施工技術成熟造成之電力平準化成本（LCOE）下降趨勢，復加規劃場址裝置容量5.5GW中，多數（69.7%，3.836GW）採遴選、少數（30.3%，1.664GW）採競價，且競價價格每度僅約2.5元，低於前述躉購費率約3.3元（實際價差，視購售電合約簽訂年度而定），大幅增加躉購期間（20年）之購電支出；另經濟部於107年1月18日依職權訂定並發布之「離岸風力發電規劃場址容量分配作業要點」之屬性，該部認定係行政規則，依「行政程序法」第159條第1項規定，行政規則僅能規範機關「內部」秩序及運作而非直接對外發生法規範效力之事項，惟該作業要點內容涉及投標廠商之權利義務與行政機關公權力之行使而對外發生法規範效力，不僅與行政規則之法定定義有悖，且離岸風電之建置發展及後續購電需投入數千億以上之經費，影響國家財政及全體納稅人權益甚鉅，屬「公共利益之重大事項」，按司法院釋字第443號及第753號解釋意旨，仍應有「法律或法律具體明確授權之命令」為依據，否則

有違反法律保留原則之適法性疑義等情，均核有違失，爰依憲法第97條第1項及監察法第24條之規定提案糾正，移送行政院轉飭所屬確實檢討改善見復。

提案委員：陳小紅、王美玉

中華民國107年12月7日

離岸風電20問

陳立誠

　　離岸風電在近期將面臨攤牌，所謂攤牌就是在政府公布108年躉購費率後，將與開發商陸續簽署長達20年總價近2兆元的購電合約。但離岸風電問題極多，本文分別就政策成本，產業發展及法律金融面三大面象整理20項離岸風電之重大問題提供國人公評。

A.政策及成本

1. 以風電取代核電政策正確嗎？

　　蔡政府在選前「新能源政策」白皮書中即宣示非核後將以綠能取代核電缺口（風力及太陽能取代各半）。目前規劃離岸風電每年可發200億度電，電費超過900億元，核電200億度電成本不到200億元。以離岸風電取代核電每年電費增加700億元，每個家庭每年分攤8000元，並將持續20年。去年底公投已廢除非核時

程，以廢核為由發展離岸風電已完全失去其正當性。

2. 在遴選階段躉購費率定為5.8元為國際價格兩倍以上，何不廢標？

政府在第一階段遴選廠商時，以每度電躉購費率5.8元決標，較國際價格高了2倍（去年英國、荷蘭、德國標價各為2.3元、2.6元及2.9元）。第二階段以價格決標時，得標價分別為2.2元及2.5元，更證實5.8元費率高得離譜。第一階段購電每年共140億度，若以2.5元購電，每年可省450億元，20年9000億元。躉購費率5.8元明顯錯誤，造成國家重大損失，但政府還一再硬拗，就是不肯廢標。

3. 建設離岸風電有完工時程壓力嗎？

106年電業法修法時偷渡之第95條規定2025年核電均需除役，達到非核家園目標。蔡政府以此為藉口，以2025年離岸風電供電200億度為目標，堅持原離岸風電完工時程，宣稱若廢標則無法在2025年達到非核目標。但去年底公投結果廢除電業法第95條，已無2025年非核家園限制，離岸風電完工也無任何時程壓力。但蔡政府仍枉顧民意，一味蠻幹。

4. 台灣用電尖峯在夏天，離岸風電對提供夏日尖峰用電功效如何？

台灣夏天風小，主要風力是在秋冬兩季東北季風時節。離岸風電在夏天功效微。依目前風電累積運轉經驗顯示夏天靠得住的風力發電只有裝置容量的6%。花了近兆經費建設的離岸風電對舒緩台灣夏天尖峰供電壓力功效極微。

5. 台灣北部缺電，離岸風電對解決北部缺電功效如何？

台灣北部工商業發達，人口眾多，用電量約占全國40%，但除核電外，電廠不足，多年來依賴中電北送。但長距離供電依賴變電站及輸電系統的安全運作，供電增加風險。離岸風電目前多設於中部外海，以彰化外海最多，長距離輸電到北部增加供電風險。解決北部缺電最有效的方式即為核一、二廠延役及核四商轉，離岸風電對解決北部缺電問題，功效有限。

6. 離岸風電對改善空污是否有助益？

蔡政府一再強調發展離岸風電有利改善空汙。政府之論點為增加離岸風電可取代火力發電故可改善空污。但勿忘政府發展離岸風電的初衷在於以其取代核電，並非取代火電。如果廢除原本就沒有空污的核電而以風電取代，對改善空汙完全沒有助益。

7. 為何不由本國人主導開發離岸風電？

離岸風電為台海自然資源，有如本國礦產。東亞各國如中國大陸，日本及韓國等主要均由本國廠商為風場開發者，極少拱手讓人。蔡政府反其道而行，目前離岸風電得標開發商多為國外廠商，未來開發離岸風電上兆元巨大利益及產業發展主導權全部操於外人之手，開發離岸風電起手式就犯了大錯。

B.發展離岸風電產業

8. 發展風電一定要發展風電產業？

發展離岸風電與發展離岸風電產業完全是兩碼子事，兩者目標手段完全不同。前者目標在於提供國內電力，後者目標在於進軍海外市場。前者完全可以用競標方式達成，但為了發展風電產業，要求技術轉移就另外要花大錢，但此與供電完全無　。今日蔡政府在費率訂定上出了大問題，為掩飾此一大錯，反過來此以發展風電產業作為花近兆成本發展風電的主要原因，意圖混淆視聽。日本大公司近日已宣布放棄風力產業，台灣是否應引為借鏡？還鬼扯什麼海上台積電。

9. 海外市場何在？台灣是否有優勢？

民間企業投資開發任何產品必先作市場調查，不會做沒有市

場的投資。政府發展風電產業則未見有任何評估報告。因地理及自然條件，政府目標的東南亞國家大量發展發展離岸風電的機會極微。即使有少量計劃，台灣如何與中國大陸及歐洲等離岸風電產業及海事工程能力遠高於台灣的國家競爭？更不用說外交 係及融資能力的巨大劣勢。

10. 台灣目前一次性風場開發，是否有利於產業發展？

目前政府一次性釋出550萬瓩（5.5GW）離岸風場，與開發產業需細水長流，俾便廠商有學習時間及陪育人才的作法背道而馳。台灣為獨立電網，不穩定的再生能源占比不能太大，依政府規劃2025年風力及太陽能（20GW）之裝置容量已接近冬天尖峰用電，表示未來已無空間加設離岸風電，廠商為何要投入沒有市場前景的產業？目前一次性開發風場方式更是完全扼殺離岸風電產業發展。

11. 政府產業發展是否鎖定關鍵性零組件？

為了推動國產化，政府責成中船成立「離岸風電海事工程聯盟」，責成中鋼成立「離岸風力零組件產業聯盟」，看來聲勢浩大。但問題是前者專攻的海事工程及基礎及後者商機最大的塔架鋼料工程都根本不是離岸風電產業的關鍵零組件。花了大成本，白忙了半天根本沒有登堂入室學到真功夫。時程規劃欠妥也造成

關鍵零組件國產化成為畫餅。

12. 政府規劃之開發時程有利於發展關鍵性零組件？

目前政府開發時程中對國產化有規定者分為三期，第一期要求塔架及水下基礎國產化，第二期要求配電盤、變壓器及電纜國產化，第三期要求齒輪箱、發電機及葉片國產化。但前兩期要求之國產化項目都不是關鍵零組件，第三期只有1.4GW，根本沒有產業發展的經濟規模，很難期待國內廠商花大資本投入發展需要國際認證，曠日費時的產業。

13. 為何無國產化義務仍適用每度5.8元費率？

目前政府解釋第一階段遴選之躉購費率遠高於第二階段競價價格的原因就在於第一階段廠商有國產化義務，第二階段廠商則無。但第一階段分好幾期，2020年前完工的2個標案（共70萬瓩，0.7GW）根本沒有國產化要求，為何仍依107年躉購費率約？沒有圖利之嫌？

14. 國產化比例未確定如何訂定躉購費率？

政府說明「在地產業關連性」與費率息息相關。但細查費率公式根本無相關計算基礎。政府在各階段要求之國產化程度也極模糊，沒有提出確切百分比要求，廠商已正式要求政府澄清。

試問在目前國產化程度尚未確定的情況下，政府如何訂定躉購費率？

C.法規與融資

15. 目前政府開發離岸風電適法性如何？

離岸風場位於一國領海，風場開發涉及國防、航運、漁業、環保等，離岸風力電費補貼又涉及人民重大權益。全球各國都設有專法規範離岸風電開發，台灣獨無。目前的離岸風電遴選辦法根本違法違憲。遴選辦法為「法規命令」形式，但未遵守60天的預告程序並送立法院。目前遴選辦法涉及兆元標案，既不依《政府採購法》又以「內規」方式便宜行事，有極大瑕疵。監察院已對此提出糾正。

16. 政府為何急著頒發「有條件許可函」？

去年12月，在未與漁民達成協議前，政府即主導先行頒發「有條件許可函」給相關業者。目的在於協助業者在去年年底前簽訂購電合約以便依107年費率購電。政府官員一向「依法辦事」，何時如此關心廠商利益，如此一路綠燈，大開方便之門？問題是廠商之額外利益正是全民之額外損失。相關單位不應介入調查？

17. 政府鬆綁金融機構融資規定合宜嗎？

金管會配合政府發展綠能，鼓勵本國銀行對綠能產業辦理授信，並鬆綁銀行授信及籌資規範。重要者如：放寬對同一法人保證之額度；不適用單一法人年營業額應高於350億元之規定；放寬外國銀行對單一客戶新臺幣授信限額及放款總餘額與淨值倍數上限規定。金管會對金融機構融資限制的原始目的在於降低風險，但政府在大力推動離岸風電等再生能源時，什麼都顧不得，融資限制都可以鬆綁了。

18. 離岸風電是否排擠其他投資及產業發展？

離岸風力開發商本身出資有限，主要還是經由台灣金融業貸款。近兆貸款必然排擠國內其他投資及產業發展。離岸風電不是台灣強項，更不是台灣應集中國力努力的方向。如果台灣每年有500億閒錢浪擲於風電電費，何不花同樣的錢發展人工智慧等產業？這才是對人類未來影響重大，台灣也有優勢的新興產業。

19. 無擔保融資對金融機構有利嗎？

鼓吹離岸風電人士竟然說離岸風電這種無擔保融資對金融機構有利，理由是可以要求較高貸款利息。但天下豈有白吃的午餐？貸款利率高正表示風險大。離岸風電如果出事，其貸款金額是獵雷艦百倍，必將引發金融風暴，不知多少人將人頭落地。目

前合約也未限制開發商釋股，開發商已尋求向國內機構釋股機會，未來風險必全由台灣承擔。

20 .政府可以發假新聞？州官可以放火？

政府近日嚴打假新聞，但以離岸風電而言，政府就是假新聞中心。多次澄清稿都一派胡言，有意誤導。說什麼風機可用率90%，但絕口不提其發電量未達額定功率1%。說日本費率高，但絕口不提日本是浮式基礎，價格遠高於台灣的固定式基礎。說什日本「搶著要做」離岸風電，但絕口不提日本規劃2030年陸域加離岸風電總占比目標只有1.7%。有這種只許州官放火，不許百姓點燈的政府嗎？

結語
....

由以上討論可知政府離岸風電政策千瘡百孔，漏洞百出。在去年年底選舉慘敗後，蔡總統檢討原因是政府的改革「人民跟不上」，沒錯，人民真的跟不上政府的能源轉型政策。據說蔡總統在總統府內也曾憤憤不平的說「我做錯了什麼？」在此可以敬告總統，能源轉型將使全國每個家庭每年增加2萬元電費負擔就是大錯。

離岸風電攸關全體國民重大利益，但從來沒有經過大規模政策辯論。以擁核民眾而言，本來就不能接受廢核而以綠電取代的這種無腦政策。以反核民眾而言，重點也只是非核，何曾同意非核後一定要以電費較核能高出5倍的綠電取代？如果以對環境較友善但成本遠低於綠電的天然氣發電取代有何不可？推動離岸風電有經過正式政策辯論嗎？可嘆全體國民胡里胡塗遭蔡政府綁架而上了賊船。

　　未來20年支付外國人電費幾為庚子賠款3倍，甲午賠款6倍，又沒有打敗仗，台灣何辜？全國上下，包含青年學子，竟然視若無睹，毫無動作，不知外人與後世將如何評論今日台灣。

圖3-1 全球離岸風電費率比較

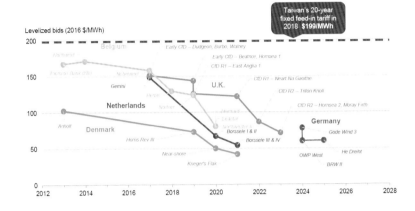

Source: Bloomberg New Energy Finance. Note: Figures refer to an estimated project LCOE, taking into account tariff, inflation, merchant tail assumption and a 23-year project lifetime. Horizontal axis refers to commissioning year.

圖4-1 離岸風電風機加大趨勢

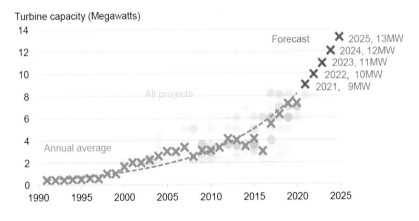

Source: Bloomberg New Energy Finance. Notes: Annual average is weighted based on project capacity. Exponential trend line.

圖4-2 離岸風電施工船隊

圖4-3 離岸風電工期縮短趨勢

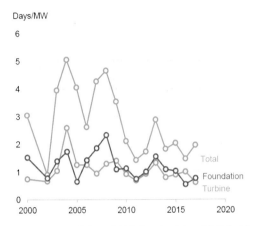

Source: Bloomberg New Energy Finance. Notes: Annual weighted average installation times using project capacity. Total refers to time from first foundation to final turbine installation. Horizontal axis denotes year of final turbine installation.

圖5-1 離岸風電產業圖

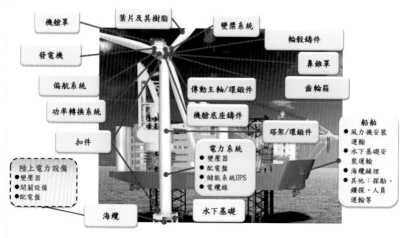

機艙罩　葉片及其樹脂　變槳系統　輪轂鑄件

發電機　鼻錐罩

偏航系統　傳動主軸/環鍛件　齒輪箱

功率轉換系統　機艙底座鑄件

扣件　塔架/環鍛件　船舶
● 風力機安裝
　運輸
● 水下基礎安
　裝運輸
● 海纜鋪埋
● 其他：探勘、
　鑽探、人員
　運輸等

電力系統
● 變壓器
● 配電盤
● 儲能系統UPS
● 電纜線

陸上電力設備
● 變壓器
● 開關設備
● 配電盤

海纜　水下基礎

資料來源：金屬中心/再生能源產業推動計畫

圖A1-1 離岸風力發電法規架構圖

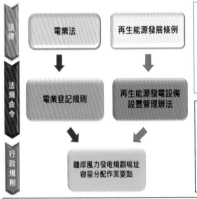

遴選有 **明確法律授權** 依據！

法律

電業法　　　再生能源發展條例

法規命令

電業登記規則　　　再生能源發電設備設置管理辦法

行政規則

離岸風力發電規劃場址容量分配作業要點

■ 「電業法」第 24 條授權
　・ 電業籌設、擴建之許可、工作許可證、執照之核發、換發、應載事項、延展、發電設備之變更與停業、歇業、併購等事項之申請程序、應備書件及審查原則之規則，由電業管制機關定之。

■ 「再生能源發展條例」第 4 條授權
　・ 再生能源發電設備之能源類別、裝置容量、查核方式、認定程序及其他應遵行事項之辦法，由中央主管機關定之。

■ 「電業登記規則」第 3 條授權
　・ 「風力發電離岸系統設置同意證明文件」為電業籌設或擴建許可之應備文件。

■ 「再生能源發電設備設置管理辦法」第 5 條
　・ 中央主管機關(經濟部)並得依據每年訂定之推廣目標量及其分配方式，決定受理、暫停受理或不予認定。

→ 依「電業法」、「電業登記規則」、「再生能源發展條例」、「再生能源發電設備設置管理辦法」授權經濟部，以公平、公正、公開及合法辦理「風力發電離岸系統設置同意證明文件」核發。

圖A1-2 離岸風力發電潛力場址範圍圖

潛力場址範圍資料

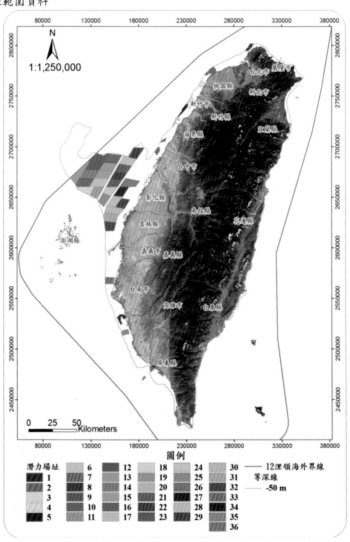

圖A1-3 離岸風電法規建架構圖

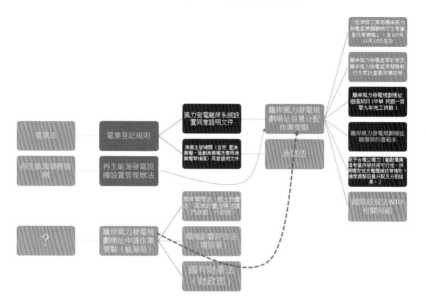

國家圖書館出版品預行編目資料

離岸風電大騙局：蔡政府如何掏空台灣兩兆元／
陳立誠著. --初版.--臺北市：台灣能源工作室，
2019.9

ISBN 978-986-98087-0-5（平裝）
1.風力發電 2.能源政策 3.言論集
448.165   108011888

離岸風電大騙局：蔡政府如何掏空台灣兩兆元

作　　者　陳立誠
校　　對　陳立誠
發 行 人　陳立誠
出　　版　台灣能源工作室
　　　　　105台北市南京東路五段102號4樓A室
　　　　　電話：（02）2545-6628
設計編印　白象文化事業有限公司
　　　　　專案主編：陳逸儒　經紀人：張輝潭
經銷代理　白象文化事業有限公司
　　　　　412台中市大里區科技路1號8樓之2（台中軟體園區）
　　　　　出版專線：（04）2496-5995　　傳真：（04）2496-9901
　　　　　401台中市東區和平街228巷44號（經銷部）
　　　　　購書專線：（04）2220-8589　　傳真：（04）2220-8505
印　　刷　基盛印刷工場
初版一刷　2019年9月
定　　價　250元

白象文化　印書小舖　出版 ‧ 經銷 ‧ 宣傳 ‧ 設計
www.ElephantWhite.com.tw　f 自費出版的領導者　購書 白象文化生活館